創新創業與政府產業發展策略探討

新創加速器與智慧財產權專家

張世傑—編著

- Innovation
- Startup
- Incubator
- Litigation
- Patent
- Trademark
- Copyright

| 推薦序 1 |

洪志洋　2021/12/16

陽明交通大學科技管理研究所教授

中華民國科技管理學會院士

　　個人參與我國科技管理教育三十餘年，親眼見證了我國科技人才創業的風潮與豐碩成果，對科技創新與創業有些許觀察與體會。國家推動科技創新，固然需要相當濃厚的科技元素，但是科技創新要能夠持續，必然需要加上合宜的管理手段，將科技轉化為滿足終端消費者需求的產品或服務，才能創造供需雙方所想得到的價值。而在這樣的科技管理領域中，「創業」無疑是落實科技價值最具困難度的挑戰。創業家除了需要有敏銳的前瞻觀察力，看見社會上尚未被滿足的需求契機外，還需要具有領導才華以整合人才團隊，並且能說服感動投資者以引入所缺資金等等的能力。雖然成語中有「創業維艱」這麼一句話指出創業的困難，但也另有一句「他山之石可以攻錯」指出，透過觀摩學習別人的經驗，可以幫助我們成長，修正自己的缺失。因此，有心的創業家們，可以透過閱讀相關的資料與案例的分析，來拓展自己的視野胸襟與抱負，提升經營管理新創事業的能力，以強化新創事業的成功發展。

　　本書作者張世傑總經理，本身就是一位成功的創業家，在科技創新與創業的領域經驗豐富成果斐然優遊自得。他長期協助大學及研究機構進行科研計畫的申請，近年更提出並完成多個縣市政府的地方創生計畫，對我國從中央到地方所推動的創新創業活動貢獻很大。這本書「創新創業與政府產業發展策略探討」將作者多年的經驗與心得以條理分明的方式呈現出來：以全球宏觀視野切入，以台灣在地的政策、法規、案例展開，最後再以全球新興科技趨勢引導我國年輕一代的創業家立足台灣展望世界做結束。我個人拜讀此書後深覺受益匪淺，因此很榮幸與樂意將此書推薦給所有關注台灣創新事業的朋友們！

| 推薦序 2 |

黃資峰

松翰科技股份有限公司／總經理室

智權法務暨專案執行經理

美國作家 Thomas Friedman 所著的《世界是平的》一書 2005 年問世至今已經十六年，期間經歷 2008 金融海嘯、阿拉伯之春、福島核電廠危機、TESLA 多款電動車相繼問世、AlphaGo 打敗圍棋冠軍等等，世界的政治、經濟、科技……都有翻天覆地的變化。雖然中美貿易戰帶來的摩擦、衝突與齟語不斷，以及各國因為 COVID-19 祭出各種邊境管制與封城管理的措施，讓世界不那麼平整，但是二次世界大戰之後經貿自由化加速全球化結果，英特爾與台積電、蘋果與三星這些既競爭又合作的例子可知一二。

全球化讓企業可以在全球的開拓市場、利用資源與僱用人才，但也受到來自世界各國一流企業，甚至是有國家力量支持的企業的挑戰。政府在政策法規與資本市場營造對企業有利的條件之外，企業能將研發成果轉換智權財產權，做好佈局、抵禦訴訟、維護權利，才是讓新創公司得以成長、中小企業得以茁壯、集團企業得以永續的關鍵。

「知己知彼，百戰不殆；不知彼而知己，一勝一負；不知彼不知己，每戰必敗。」，本書作者張世傑總經理不僅自身產、官、學的經驗豐富、輔導新創公司不遺餘力，《創新創業與政府產業發展策略探討》更將這些難能可貴的經驗結合實際的數據分析與案例說明，多產業、多視角的觀點，是創新創業家航向全球市場時的寶典，更是法規與政策制定者擘劃產業與人才時的藍圖。即使我在電子產業鏈中經歷多次景氣更迭、專利侵權與維權訴訟，拜讀此書仍有「以史為鑑，可以知興替」的暢快感，很榮幸能將此書推薦給所有關心與有志於創新創業產業的前輩與朋友們。

張嘉麟 Charlie Chang

原相科技股份有限公司 法務長

美國紐約州登錄律師

接到 Eric（世傑兄）的新書推薦序邀請，一則感到非常榮幸，可以先睹為快、拜讀大作；另一方面，也對世傑兄除了智慧財產管理、企管顧問、科技創新等多種領域之外，再度跨界演出晉升為作家，佩服不已。

做為一個在長期在半導體產業擔任公司內部法務及智權主管的我來說，智慧財產權一直是個人關注的議題。世傑兄的新書《創新創業與政府產業探討策略》一書中，除了探討新創事業在全球、在台灣的發展現況及未來趨勢之外，也以相當的篇幅說明智慧財產權的重要性。

書中（第伍章）不但從國家策略層次來探討智慧財產權對產業競爭力的影響，也探討創新事業對智慧財產權運用該有的認識，並詳細列出如何在不同面向來運用智慧財產權，譬如：將無形的智慧財產權作為融資擔保品、供增資或入股作價、提昇企業併購或重整時的估值等。

另一方面，書中也提到，可以利用智慧財產權提出侵權訴訟請求損害賠償、收取權利金、出售專利、與其他廠商交互授權以拓展事業版圖等非常具體且實用的方向及做法。

書中（第陸章）並以具體個案分析智慧財產權對不同公司間業績的實際影響及專利訴訟策略的探討，其中以台灣松騰實業公司（Matsutek）與美國吸塵器大廠 iRobot 之間在美國、台灣及中國大陸的專利大戰，及以色列發明家 Uri Cohen 博士對各大手機品牌商及台積電提起專利侵權訴訟做為成功運用智慧財產權的案例，並以 Drive.ai 做為新創企業卻不重視智慧財產權而失敗的案例。藉由成功及失敗案例的分析，提醒讀者智慧財產權的重要性以及實戰時需要注意的重要事項。

另外，針對目前產業界關心的技術領域，零碳排放、智慧運具、車聯網等，書中也詳細分析了主要的專利權人、目前技術特徵的專利佈局及可以進一步發展和佈局的領域（缺口技術），非常適合新創事業或是對於這些新興技術領域有興趣的朋友！

| 推薦序 4 |
智慧食農新創產業開啟農業新契機

梁鴻彬

財團法人豐年社社長

　　新創加速器與智慧財產權專家張世傑先生，長期關注創新創業與政府產業發展策略，這本新書不但聚焦在全球新創產業的新趨勢，並以台灣為思考和參照座標，指出可能的困境與優勢，加上實際的智財專利分析，歸納出真切的市場狀況，還把新冠疫情可能的衝擊加入變項，宏偉的企圖和精煉的敘述，相信能讓讀者對未來變革的掌握，能更佳自信。

　　值得一提的是，此書還特別將台灣在智慧食農新創領域的發展，獨立進行詳細的介紹和分析，「智慧農業」及「科技農業」是近來農業轉型的新契機，從生產到消費，產地到餐桌的過程，也納入感測及智能裝置、物聯網及雲端運算等智慧科技的發展，讓農業有了新面貌，透過實際的專利佈局分析，也讓原本以科技發展自豪的台灣，重新切入智慧食農創新產業，有一可行的指標和路徑。

目　錄

圖 目 錄

表 目 錄

壹、

全球新創事業發展現況與未來趨勢

一、由頂尖大廠的投資動向一窺全球新創事業近年發展

　　根據研究機構 CB insights 所公布的最新全球新創（Startup）百大名單，來自全球各個國家的頂尖隊伍中，高達一半以上的團隊是來自美國。另根據 Asgard 創投基金的數據顯示，以色列也是 AI 新創企業數量的全球領導國之一，擁有近 400 家公司，僅次於美國和中國，居世界第三。

　　而全球頂尖新創企業的幕後推手，不乏背後有大廠資金的支持。尤其近年全球疫情的影響，新創公司普遍面臨資金短缺之下，市場出現了許多估值偏低的優質新創企業，而這也恰好是頂尖領導大廠如美國的英特爾等，一直伺機想投資長期新創項目的絕佳機會。例如：英特爾原本就一直想要成為自動駕駛車相關晶片的領導者（就如同其征服過個人電腦和伺服器一樣），因此近期新創企業估值普遍降低趨勢之下，在英特爾的新創投資布局中：如過去收購的新創公司 Mobileye 的 ADAS 技術、EyeQ 電腦視覺晶片、Atom CPU 及其他相關技術，再加上近期收購了新創公司 Moovit 的應用程式相結合，絕對可以強化英特爾和高通、英偉達和其他相關競爭對手互相匹敵的實力。此外，英特爾原本 2019 年宣佈將以 200 億美元大規模回購股票計畫，可是隨著過去兩個季度回購了 76 億美元的股票之後，最近卻暫停了所有未來的回購。因為英特爾發現，隨著 COVID-19 的疫情影響，英特爾認為手上必須保留更多現金，且通過提高資本支出的方式來因應優質新創的切入時機與各式可能而來的挑戰。

　　英特爾過去以超過 150 億美元的價格收購位於以色列的 Mobileye 新創公司之後，2020 年 5 月中又以 9 億美元收購以色列的行動服務解決方案公司 Moovit，以強化其汽車部門（Mobileye）的相關技術。Moovit 市值估超過 5 億美元。先前投資該公司的創投有英特爾資本，BMW，iVentures 以及紅杉資本（Sequoia Capital）等。英特爾這次收購 Moovit 使得 Mobileye 更接近成為無人駕駛計程車服務在內的完整行動服務提供者。因為，Mobileye（累積的專利偏重在影像辨識、障礙物/物體/號誌偵測與辨識等、固態 LiDAR 和機器視覺演算法等項目）的高精確度地圖資料已經覆蓋了全球超過 3 億公里的道路。

而新創公司 Moovit 的城市行動應用程式，則可為 102 個國家及地區的 8 億用戶提供服務，讓旅行者能夠結合公共交通、自行車、滑板車、短期租賃汽車和汽車共享服務來規劃旅行。因此，英特爾收購 Moovit 來加入 Mobileye，的確能夠帶來加分效果。

因此，從大廠如英特爾資本（Intel Capital）近年的投資動向，大致上就可以一窺全球新創事業的未來發展趨勢。近年英特爾一共對 11 家科技新創公司，其主要集中於：

（1）人工智慧

（2）數據分析

（3）自動駕駛運算

（4）晶片創新設計等領域

近年英特爾主要投資區域除了於美國舊金山灣區之外，還包括中國大陸與以色列等國家。歸納英特爾資本的投資方向來看，對美國新創公司的投資大都聚焦在 AI 相關領域；而中國大陸方面則是在生物科技與半導體方面較受到青睞； 而以色列也是在半導體領域相對突出。總而言之，英特爾資本的投資方向，多是為了英特爾布局醫療、汽車與半導體等相關產業帶來更廣泛的影響力。

以下整理全球三大創新國：美國、中國大陸、和以色列，近年頂尖的新創事業團隊，分別簡介如下：

1. 位於美國矽谷Redwood城市的 Anodot，是一家利用機器學習驅動未來分析—自動業務監控。包含電信、金融和數字等領域在內的財富 500 強企業，依靠 Anodot 的即時情境化報警，來發現影響其收入和成本的事故。

2. 位於美國矽谷 Santa Clara 的 Astera Labs 是一家無晶圓廠半導體公司。Astera Labs 是以數據為中心的系統開發專用連接解決方案，以便在 AI 和機器學習等運算密集型工作負載中消除性能瓶頸。

3. 位於美國矽谷 Sunnyvale 的 Axonne 為汽車開發下一代高速乙太網路連接解決方案。Axonne 的解決方案是把自動駕駛感測器和顯示器等聯網汽車系統與運算集群整合在一起。

4.位於美國矽谷 San Jose 的 Hypersonix 是一個由 AI 驅動,專為零售、餐飲、酒店和電子商務等消費產業設計的自動分析平台。

5.位於美國舊金山市的 Lilt,是一家基於 AI 的語言翻譯軟體及服務獲取全球資訊的公司。由於傳統翻譯服務耗時且成本高昂,阻礙企業翻譯所有可能有用的資訊。Lilt 的軟體提供精確的、本地化且高性價比的翻譯服務。

6.位於美國矽谷 Milpita 的 MemVerge 是一家軟體公司,其願景是讓每一個應用軟體都在記憶體中運行。

7.位於美國舊金山市的 Retrace 提出,引入了 AI 及其它先進技術,以更智慧化、更創新地使用牙科資料的方式,以利牙科醫生快速做出決策,減輕口腔疾病負擔。

8.位於中國浙江的江豐生物(KFBIO)是一家開發數位病理系統的生物科技公司。

9.位於中國山東的概倫電子(ProPlus Electronics)是一家 EDA 公司,專業提供先進的裝置建模和快速電路模擬解決方案,以加快晶片設計速度並提高製造良率的軟體,縮小設計與製造間的鴻溝。

10.位於中國福建的博純材料(Spectrum Materials)是一家為半導體製造工廠提供高純度特種氣體和材料的供應商,擁有坐落于福建泉州的最大的鍺烷生產基地之一。

11.位於以色列 Kiryat Gat 的 Xsight Labs 是開發下一代基於雲端的數據密集型工作負載的晶片組,以增加在機器學習、數據分析和分離式儲存等領域的可擴充性與效率。

　　此外,其它的大廠／VC 在背後支持的頂尖新創事業,整理如下:

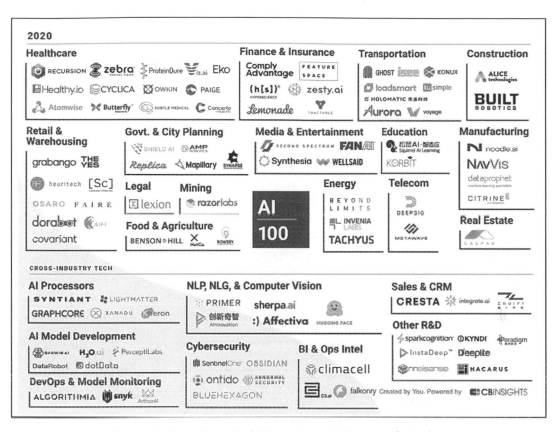

圖 1 背後亦有大廠 / VC 支持之頂尖新創事業彙整
資料來源：CB Insights, 本研究彙整

二、由鄰近區域新創生態系看新創事業發展態勢

城市	創業階段	軟體新創家數	生態系估值(十億美元)	新創平均早期投資額(千美元)	整體早期投資總額(百萬美元)	軟體工程師年薪(千美元)
全球平均		1,010	5	284	837	58.3
阿斯塔納	萌芽期	50-150	<0.1	<50	<50	15.6
釜山	萌芽期	200-400	0.161	<50	<50	36.6
馬尼拉	萌芽期	400-600	0.378	115	60	12.1
紐西蘭	萌芽期	500-600	1.4	279	150	49.1
臺北市	萌芽期	550-750	2.4	206	133	30.7
首爾	早期國際化	600-1k	5	107	85	41
東京	早期國際化	800-1.2k	14	336	282	55.5
墨爾本	早期國際化	1-1.4K	2.2	155	184	64.3
雅加達	晚期國際化	800-1.1k	12	181	181	26.2
雪梨	晚期國際化	1.5-2.1K	6.7	258	530	62.4
班加羅爾	魅力	1.8-2.5K	24	279	700	7.9
新加坡	魅力	2-2.7K	25	202	540	36.5
上海	魅力	3-4K	52	513	2,000	26.5
北京	魅力	7.5-10K	142	599	5,900	31.3

圖 2 亞太地區各大城市之新創生態系概況

資料來源：台北產經資訊網, Global Startup Ecosystem Report, 本研究整理

　　從台灣鄰近的亞洲與泛太平洋地區各大城市，對於生命科學、AI、區塊鏈此三大次領域的新創生態系的簡要趨勢觀察——在「生命科學」次領域：以美國為主宰，前十大城市就占據 6 個，上海和北京分別排名第 9、第 11，表現亮

眼。從 3 個次領域來看，矽谷亦持續穩居龍頭，顯見在整體和次領域的新創生態系相當根深蒂固，而美國在生命科學、AI 領域皆位居前茅，在亞洲則是以北京和新加坡，分別在 AI 和區塊鏈次領域，較為突出。

進一步分析，北京擁有 1,070 家 AI 公司，占中國大陸總家數約 26%，總部位於北京的 AI 獨角獸——字節跳動（Bytedance）在 2018 年以 750 億美元的估值完成了 30 億美元的融資，為全球最大的私營創業公司。此外，北京中關村的技術中心擁有 10 個 AI 實驗室，在北京門頭溝郊區耗資 21 美元建置首個國家級 AI 技術園區。

而新加坡在首次代幣發行（ICO）規模全球排名第 3，2018 年有 82% 的新加坡高階主管表示公司已啟動區塊鏈相關計畫，而加密金融公司 Fusion 於 2018 年在 ICO 籌集 1.1 億美元，隨後在其平台上獲得 123 億美元的金融資產，並將這些金融資產存放在該公司的公開區塊鏈平台上。

特別對於臺北新創生態趨勢再進行分析：軟體新創家數約 550～750 家，生態系估值至少為 24 億美元以上。新創生態系的成長趨勢分成萌芽期（Activation）、早期國際化（Early-Globalization）、晚期國際化（Late-Globalization）、魅力（Attraction）及整合（Integration）共 5 個階段。其中，萌芽期（Activation）共包含 17 個城市，臺北市亦屬於此階段，且在前五大生態系評比「當地連結性（Local Connectedness）」此細項，台北位居第 1。

另根據 GSER 報告針對次領域所納入評比的 135 個新創生態系，臺北市在 AI 領域名列 16 個城市領先群中，與北京同為亞太區惟二入榜的城市，在先進製造與機器人（AMR）領域名列 12 個城市領先群中，則與深圳、東京同樣獲得青睞。

前四大高度成長的創業次領域：（1）先進製造與機器人（AMR）、（2）區塊鏈、（3）農業科技與新興食品、（4）AI/大數據與分析，，作為範例來看，在 5 年內的早期投資交易平均成長 90.7%，出場估值平均成長 110.5%，在全球新創企業有 7.1% 屬於 AI/大數據與分析此項次領域，其全球出場估值的三分

之二，是集中在前十大的生態系，且女性只占全球創始人總數約 17.2%，顯示創業生態系的多元性仍有待加強。

三、由人均創新指標比較──看全球頂尖新創國的趨勢

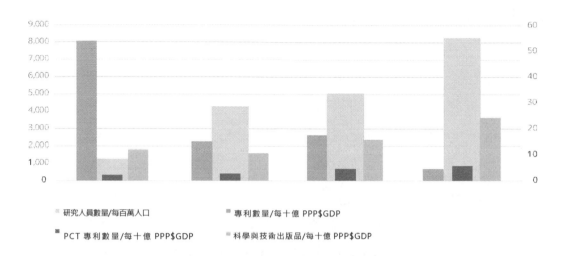

■ 研究人員數量/每百萬人口　　　　■ 專利數量/每十億 PPP$GDP

▨ PCT 專利數量/每十億 PPP$GDP　　■ 科學與技術出版品/每十億 PPP$GDP

圖 3　重要國家的人均創新指標比較

資料來源：UNESCO UIS database, WIPO database, SCI, SSCI, Deloitte Research

　　由上圖人均創新指標的比較，可看出全球頂尖新創國──以色列的人均研究人數為全球第一，雖然其人均專利數量低於中國大陸，但其每件專利的品質，係隨著優質人才（如下圖：教育支出占 GDP 比重為全球第一）而提升的。

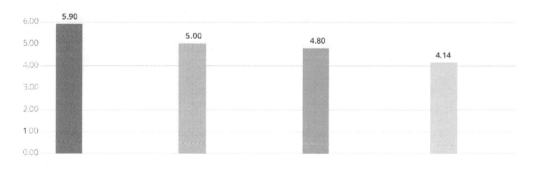

圖 4　重要國家之教育支出占 GDP 比重（％）比較

資料來源：UNESCO UIS database, Global Innovation Index 2019, Ministry of Education, Deloitte Research

以色列新創優勢在於人才──推動 AI 國家計劃：以五年 29 億美元進行 AI 人才培育

現今全球國防安全和社會經濟領域所需的關鍵技術已朝 AI 發展。許多國家已開始制訂這方面的國家戰略，例如：以色列即複製 10 年前的網路安全技術的成功模式──正大力推動 AI 國家發展計劃。根據 Start-Up Nation Central 的數據，截至 2018 年年底，儘管 AI 公司佔全球科技公司的比例僅有 17%，但以色列有關 AI 的相關技術開發或大量應用 AI 技術的公司（包括研究中心）估計數量已達 1,150 個。而去年，AI 領域的頂尖公司亦在以色列展開了大量的 AI 活動。例如，英特爾在以色列設立 AI 技術開發中心，並由 Itay Yogev 領導，於 10 年前成立了該部門，如今有近 200 名員工，其中大多數在以色列。另一個案例是 Walk.me 這家以色列的新創公司，該公司利用 AI 來簡化員工在其工作地點使用組織軟體的工作流程。

以色列為了確定教育系統和學術機構，能夠提供足夠 AI 工程師，以滿足政府、國防軍事和產業界之人力需求。推動國家級 AI 計劃政策不僅是為了國家競爭力，更是為了以色列國家長遠的繁榮。2019 年 11 月以色列即揭露了國家級 AI 計劃，由 Isaac Ben-Israel 教授和 Eviatar Matania 教授領導的委員會建議而提出，以色列的目標是要成為世界的五大 AI 國之一。政府以五年為一期，每年投資 10 至 20 億新謝克爾（約 2.89 億至 5.8 億美元）開發 AI 技術，總共投資 100 億新謝克爾（約 28.93 億美元）於 AI 領域。該委員會是由以色列總理 Benjamin Netanyahu 指示而成立 AI 專門委員會，並在以色列創新局（Israel Innovation Authority）和英特爾合作於臺拉維夫大學（Tel Aviv University）舉行的 AI Week 中進行。該委員會總共有 15 個專門小組，有 300 名來自政府、以色列國防軍、高等教育機構和科技產業的資深人士。

以色列 AI 計劃預計已於 2020 年 1 月提交。該計劃的預期成本是將政府年度研發預算支出之 10～20%投資於 AI 領域。也就是，以色列的研發支出佔 GDP 的 4～4.5%，其中 20%用於 AI 科技研發。

以色列政府將藉由技術輸出 從全球取回高投資報酬：

以色列基於過去在網路安全方面的經驗，Ben-Israel 希望這項 AI 投資能在以色列經濟中回收成本。以色列網路安全領域的企業研發投資目前佔全球投資的 18%，而以色列的網路安全的出口佔全球的 10%。假設，以色列在全球 AI 市場中的市佔率僅爲 1%，投資回報也將十分可觀。

該委員會深刻理解到未來各行業的商業活動將受 AI 技術的影響很大。因此，首要建議重點之一是政府各部門之間以及政府與民間之間必須進行服務數位化轉型。以國家視角來執行的國家 AI 計劃的優點，其中之一是縮短醫療健康系統的等待時間。

爲了執行計劃，委員會也正著手建立專門機構和推動完善硬體基礎設施：建立一個協調機構，該機構隸屬於政府部門，類似於目前隸屬總理署的國家網路安全局。而由於所涉及的機構眾多（創新局、通訊部、科技部、勞動部底下之 Digital Israel、高等教育委員會以及其他防禦機構），因此由一個協調機構統籌，並且由國防部武器發展及技術基礎建設管理局領導。同時爲了加快研發速度，以色列不得不在邊界內建立合適的電腦基礎設施。委員會建議發布一個建構 AI 雲的招標書，目前亞馬遜、谷歌、輝達和英特爾等公司都可能參與。此外委員會也建議將以色列城市（特拉維夫）建設爲智慧交通和自駕車的「試點城市」。委員會亦特別強調在大城市設立交通控制中心和智慧交通信號燈。在大學裡建立 4～6 個 AI 相關的研究中心。委員會建議這將增加 AI 領域研究人員的數量。委員會提議利用一種「教授模式」，以應對大公司搶走專家的情況。

由於目前大多數智慧財產都掌握在大學研究人員手中，委員會建議應該改變這種狀況。其他的建議包含入學考試以及必修課程中增加 AI 研究方法。並增加外國研究學生的數量，以大幅增加 AI 領域論文出版的數量。另一項建議是改革，大幅增加高階研究人員能夠進入產業工作的時間，而不是把時間都花費在大學校園內。

而由於醫學研究方面，有較多的法規限制和隱私權等問題，往往導致醫學研究較為窒礙難行；反觀在農業方面，由於法規限制和隱私權等問題的限制較少，因此以色列國家級 AI 計劃委員會建議：先將重點擺在農業。從農業切入，找出 AI 最有潛力的應用領域──例如 AI 可幫助最妥善利用自然資源，並且最大程度地減少對環境的破壞，尤其在植物病蟲害的方面。

貳、

台灣新創事業環境分析與主要產業鏈優勢現況

近年台灣新創事業的環境氛圍，隨著近年國發會推動「優化新創事業投資環境行動方案」，結合 12 個部會及國發基金，共 13 個相關單位訂定 5 大政策方向、12 項方針、40 項工作項目，已逐步朝向第一階段目標：在 2 年內先孕育至少 1 家獨角獸新創事業，並帶動未來 5 年新創事業獲投資金額每年成長新台幣 50 億元，使台灣成為亞洲新創資本匯聚中心。

接著，第二階段希望 6 年內促成至少 3 家具發展潛力的新創事業成為獨角獸。而「優化新創事業投資環境行動方案」首要任務也包含：

（1）健全投資環境、消除障礙，鬆綁法規

（2）提供更寬廣的方向及解決新創企業早期所面臨之資金問題

其中也包括五大政策，其中：

「充裕新創早期資金」方面──國發會與經濟部已鬆綁相關法規；

「人才發展及法規調適」方面──國發會已成立「新創法規調適平台」，迄今已接獲多件案例，協助新創業者順利開創事業。另針對人才發展部分，立法院也通過「外國專業人才延攬及僱用法」已正式施行，國發會亦受理發放「就業金卡」。政府藉此吸引東南亞學生、人才及台商加入新創。

目前大東南亞市場正是投資焦點，也是我國新南向政策的重點。政府系統性、策略性地吸引東南亞頂尖學生及人才來台就學、就業，甚至鼓勵在台灣創業，對台灣新創事業拓展東南亞市場將有極大的助益。

此外，政府也建構促進大企業與新創合作平台，讓大企業挹注新創企業，提供發展機會及多元出場管道，讓新創業者看到政府更多的彈性與機動性。此外，為了讓新創企業提高能見度，進軍國際市場，科技部也已帶領新創業者至國外參加大型展覽，使國外重視台灣新創的蓬勃發展。同時也讓台灣新創走向國際，吸引國際一流創投關注。目前國發基金已與國內外創投合作，政府各部會也積極配合推動。讓台灣新創產業不錯過未來下一波人工智慧、物聯網、金融科技、無人載具等未來熱門的產業趨勢機會。而創新科技可應用的範圍與領域十分廣泛，政府各部將跳脫既有框架，將創新創業內化為重要業務，主動提出解決方案協助新創發展。

　　以新創稅務線上專區為例，其提供了新創所需的資訊及諮詢輔導，以及衛福部健保署推動醫療影像雲端平台，主動與相關部會合作將人工智慧導入健保資料分析，即是典型的案例。

　　總之，政府已經為新創產業打造了完整的生態系，使其未來發展順利，並鼓勵具冒險創新創業企圖心的年輕人，勇於接受挑戰，帶動台灣經濟往前邁進。

一、台灣各類新創事業環境之現況分析

台灣整體新創獲投資之概況：

2020 年在新創案件數與獲投資金額方面，整體而言——大健康相關產業件數和獲投資金額都是相對最高的；其次是載具／ICT 產業方面，如下圖所示：

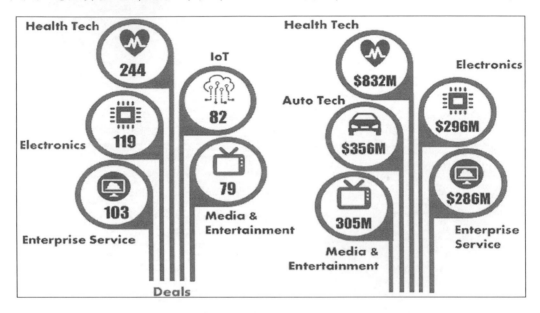

圖 5 台灣整體新創獲投資之概況（2020）
資料來源：經濟部，台灣經濟研究院，本研究整理

台灣近年較多的新創領域，包含有：物聯網、人工智慧（AI）、金融科技、零售電商、媒體娛樂、旅遊科技、大健康（含醫療）、食農領域等等的新創產業。以下分述之：

物聯網相關新創獲投資之概況：

台灣物聯網相關新創產業鏈，獲投資的投資者佔比，以企業與企業創投（CVC）投資佔比最高，其次才是創投（VC）、國發基金、海外投資人……等等。

資料來源：國發會，台灣經濟研究院，本研究整理

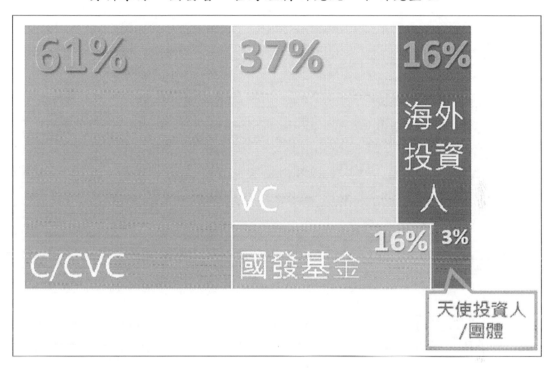

圖 6 台灣物聯網相關新創產業投資者之類型分布（2015～2020）

物聯網相關新創例如 AI、Surveillance、Enterprise Service 為台灣物聯網早期投資中最受投資人青睞的領域。

整體而言，我國物聯網新創走向國際，仍缺前進國際市場並且成熟化的案例。而國發發基金的投入，確實具有點火的作用；然而走向國際市場所需的「海外產業上下游鏈結」以及「下一輪海外資金」等等的關鍵資源，仍然缺乏。未來如何透過台灣國際化企業的資源，將台灣物聯網新創推向海外市場，做到新創與中堅企業的共舞，將會是取得海外重要資源的里程碑。

人工智慧（AI）相關新創獲投資之概況：

台灣人工智慧（AI）相關新創產業鏈，獲投資的佔比，以企業與企業創投（CVC）投資佔比最高，其次才是創投（VC）、海外投資人、國發基金、加速器……等等。

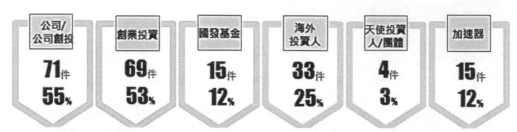

圖 7 台灣人工智慧（AI）相關新創產業投資者之類型分布（2010～2020）
資料來源：台灣經濟研究院，國發會，本研究整理

疫情期間各相關企業配合防疫，而必須加速數位化腳步，造就了相關新創科技產業的業績成長。全球人工智慧技術不斷發揮其強大應用，亦加速了 AI 新創產業的投資進程。人工智慧應用領域如：視覺辨識、藥物辨識技術在防疫工作上發揮其功效，展現 AI 商業化價值所在。也因此人工智慧領域備受投資人追崇，平均單筆獲投金額高。

此外，隨著政府推動半導體射月計畫、和科技部 4 大 AI 創新研究中心等等政策計畫推動，同時搭配人工智慧學校培善的師資體系培育出相關人才，使得台灣 AI 化進程，隨著全方面的政策已打造出友善的人工智慧（AI）新創發展環境。

金融科技相關新創產業獲投資之概況：

台灣金融科技相關新創次領域，獲投資分布之佔比，以金融服務區塊鏈為最高，其次才是支付、財富管理……等等。

	2015	2016	2017	2018	2019	2020
金融服務類區塊鏈	1	1	5	8	7	4
支付	6	4	2	3	5	1
財富管理	0	1	2	1	6	0
借貸	0	1	1	1	2	0
匯款	0	0	1	0	2	0
企業軟體	0	0	0	0	3	0
保險科技	0	0	0	1	0	0
專利	0	0	0	0	1	0

圖 8 台灣金融科技相關新創產業次領域之獲投資分布概況（2015～2020）
資料來源：台灣經濟研究院，本研究整理

此外，法規鬆綁是台灣金融科技新創生態圈中的參與者的一致盼望，台灣金管會已擘劃「金融科技發展路徑圖」中相關法規的調適，可望加速發揮重大功用，為台灣金融科技生態圈與投資圈開創新商機。

隨著 Open Banking 等法規的逐步鬆綁，帶來金融科技新創產業應用的新商機。2019 年新增的次領域多以服務廣大消費者為主。金融科技投資圈新增匯款、企業軟體、專利應用等領域，財富管理類獲投量也暴增，藉由虛擬貨幣的發行或交易平台的建置，是台灣金融科技新創產業在國際上發光發熱的主要領域，並吸引了許多歐美、日本、中國以及國內金融機構、創投的投資目光，且平均獲投金額（600 萬美元）也遠高於其他次領域。展望未來，區塊鏈可望為台灣金融科技新創產業投資圈撐起一片天。

零售電商相關新創產業獲投資之概況：

台灣零售電商相關新創次領域，獲投資分布佔比，以創投（VC）投資佔比最高，其次才是企業與企業創投（CVC）、國發基金、海外投資人……等等。

圖 9 台灣零售電商相關新創產業之獲投資分布概況（2015～2020）
資料來源：國發會，台灣經濟研究院，本研究整理

依據 CB Insights NExTT 零售電商框架可區分為四大區，而台灣零售電商相關新創產業所獲投的次領域，也絕大多數是屬於必要性的部分；初期的台灣零售電商相關新創產業，主要多以「供應鏈管理」和「客製化消費」等為主；中期則開始朝向「用戶體驗優化」、「銷售和 CRM 應用程式」和「店內/線上數據分析」；而近期以「銷售和 CRM 應用程式」和「客製化消費」為發展主軸，但已逐漸有投入「產品搜尋」、「智慧倉儲」、「最後一哩路的運送」、以及「推播廣告」等新興領域的趨勢出現。而其中「智慧倉儲」部分，則是近年來美國 Amazon、Walmart 和許多零售商已將微型自動化倉儲做戰略佈局，因此國內零售與電商業者亦開始重視「智慧倉儲」。

此外，有鑑於疫情期間大多數消費者無法在實體店直接體驗商品，而是透過線上數據分析做好用戶體驗，因而新創產業藉此便可提供客製化消費，以達到最佳的客戶關係管理。將線上市場加以擴大之後，未來因應消費者在線上完成訂單後，如何將訂單內的貨品送到消費者手中，下一步的供應鏈管理、智慧倉儲、最後一哩路等等的運送服務都必須考慮因應相關的需求。隨著後疫情時代個別次領域的到來，消費者已逐漸有轉向線上購物的消費習慣，因此將來與

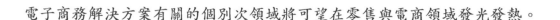
電子商務解決方案有關的個別次領域將可望在零售與電商領域發光發熱。

媒體娛樂相關新創產業獲投資之概況：

台灣媒體娛樂相關新創產業鏈獲投資，以企業與企業創投（CVC）投資佔比最高，其次才是創投（VC）、海外投資人、國發基金……等等。

圖 10 台灣媒體娛樂相關新創產業之投資分布概況（2015～2020）
資料來源：台灣經濟研究院，國發會，本研究整理

隨著國際領導媒體如 Netflix、Disney+、HBO 及 Spotify 全球大型平台的發展趨勢，未來持續加強個性化推薦，與智慧 AI 的應用等等都將成爲用戶決定是否續用的關鍵。因此台灣媒體娛樂相關新創產業，也持續放大在數位科技方面的優勢，期能幫助企業有效區分不同的客群特性，擴張海外的市佔。台灣娛樂媒體相關產業已與數位科技及網際網路產生很大的連結，不再重視實體空間的規模，而是線上的社群直播平台等等，以獲取更多投資人的關注。

有鑑於疫情期間大多數消費者改變生活習慣，使用居家媒體/娛樂機會提升，因而新創產業藉此便可提供更多應用商機。實際案例如近期台劇的大爆發。另外案例如：網紅經紀公司的興起、使得 podcast 也成爲年輕人最潮的工作之一。而 OTT 業者如雨後春筍出現以及遊戲公司擴張海外布局等，都是疫情之下「宅」商機的案例。

展望未來，台灣媒體娛樂相關新創產業更可藉由自由市場機制的催化，更加落實更多創新的點子，讓台灣成爲亞太的華人文創集散地，則未來超越日韓

的媒體娛樂新創產業榮景將是可期待的。

旅遊科技相關新創產業獲投資之概況：

台灣旅遊科技相關新創產業鏈，獲投資金額與件數，以目的地旅遊活動為最高，其次才是旅館經營、搜尋比價預訂服務等等：

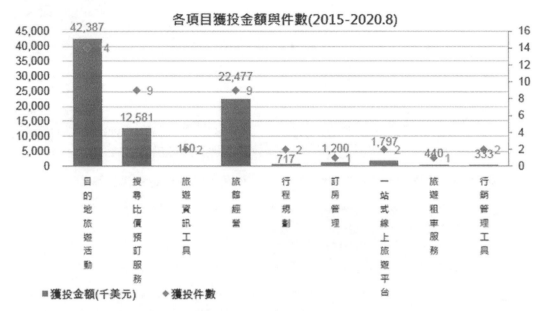

圖 11 台灣旅遊科技相關新創產業之獲投資分布概況（2015～2020）
資料來源：台灣經濟研究院，本研究整理

在全球疫情衝擊之下，各國政府除了紓困補助政策之外，也有不同的政策措施來掌握疫情發展以及旅客動向，進而穩定了全球觀光旅遊產業的走向。而台灣旅遊科技相關新創產業，也由於台灣疫情控制得宜，因此尚無虛擬旅遊等遠距需求。

短期內，台灣旅遊科技相關新創產業因應出入境限制相關規範，紛紛轉為搶攻國內市場，提出另類商業模式與體驗服務的轉型。未來並持續面臨調整與再出發，重啟募資規劃並設法擴大國內產品的市場規模。

而在自由行商機的發酵風潮之下，例如：單一平台比價購買、一站式旅遊

等等服務越來越備受矚目，近年台灣旅遊科技相關新創產業也已有多個出色的案例，如 KKday、AsiaYo、FUNNOW 等等，這幾家的表現均十分亮眼，其共同特色是本著體驗即爲旅遊本質的理念，積極尋求跨國異業合作，並不會只侷限於台灣市場，反而是大膽地邁向國際，開創不同的新格局。

大健康相關新創產業獲投資之概況：

台灣大健康（含醫療）相關新創產業鏈，醫藥品／療法獲投金額超過六成，且醫藥品／療法與醫療器材獲投件數占比爲平分秋色：

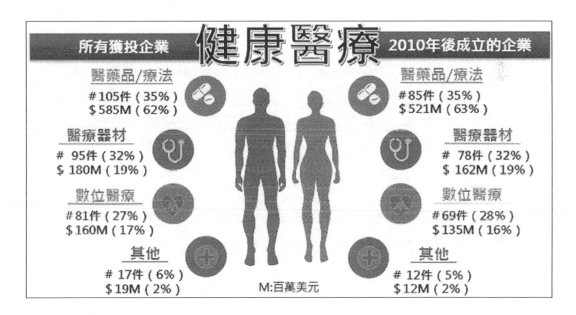

圖 12　台灣大健康相關新創產業投資之分布（2015～2020）

資料來源：台灣經濟研究院，本研究整理

台灣政策的持續支持與國家級投資基金的加碼，成爲推動台灣大健康（生醫相關產業）快速發展的關鍵力，而「生技新藥產業發展條例」延長 10 年與適用範圍擴大了新崛起的領域，加上未來 4 年，政府將推動跨部會共同打造「精準健康戰略產業」、與國家級投資公司台杉將再募集投資生技創新醫材基金十億元，都加速台灣健康醫療新創產業的成長與走向國際化。

而隨著全球數位醫療與醫療器材投資趨勢,加上「特管法」後,再生醫療領域中的幹細胞與免疫細胞療法,成為近三年來醫藥品/療法次領域的新投資焦點。醫藥品/療法與醫療器材獲投件數占比平分秋色,但醫藥品/療法獲投金額超過六成。

而愈來愈多跨領域新創進入 AI 醫療、精準醫療、高階醫療器材等,帶動了數位醫療與醫療器材新創產業快速發展,因而吸引不少投資人目光。

食農相關新創產業獲投資之概況:

台灣食農相關新創產業鏈,獲投資之分布佔比,以創投(VC)投資佔比最高,其次才是企業與企業創投(CVC)、國發基金、海外投資人……等等。

圖 13 台灣食農相關新創產業投資者之類型分布(2015~2020)
資料來源:國發會,台灣經濟研究院,本研究整理

2020 年疫情時間,國際食農科技成為受益領域,台灣相關新創獲投資件數與金額也明顯高於去年同期。但相較於台灣其它新創領域獲得投資的概況,在食農領域的新創獲投件數及金額占台灣整體新創獲投金額比例而言尚不高。但隨著學界/法人的投入,並以科技創新帶動產業創新轉型趨勢下,年輕團隊投入近年興起的雲端廚房新創軒饌廚坊、智慧手沖咖啡機艾聚普與智慧釀酒器等,反映出台灣食農領域也搭上國際創新轉型的潮流。學界也投身食品科技行列近年獲投事件很多是由學術界技術移轉出來或衍生創新的公司,例如地天泰農業生技股份有限公司、台灣神農……等等。顯示學界研究成果正落地,引領台灣食農界進入新創產業風潮。

　　而展望未來，邁入後疫情時代之下，食農等領域亦將持續成為新創產業投資人所關注的焦點。

二、台灣主要產業鏈優勢現況——以半導體為例

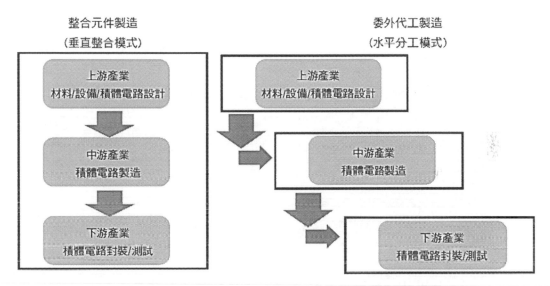

圖14 台灣產業獨特的分工模式——以半導體產業為例

資料來源：經濟部，本研究整理

　　台灣的產業環境隨著產業鏈的發展，已造就出獨樹一格的分工模式。以主要優勢的產業鏈——半導體產業為例——其水平分工的生態（Eco-system），造就了產業鏈群聚的重要專業優勢。產業鏈群聚的發展，十分完整齊全，而且效率極高。

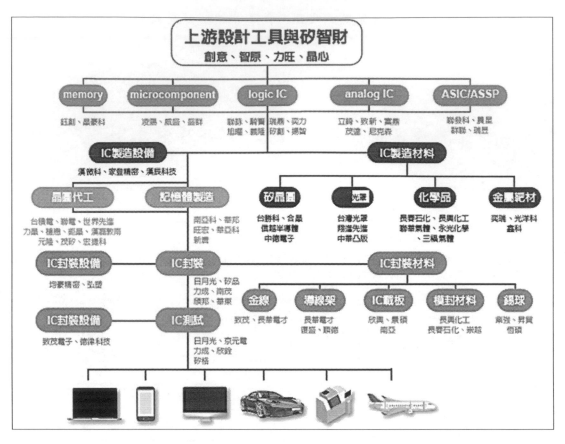

圖 15 台灣半導體產業鏈群聚發展十分完整
資料來源：經濟部，工研院，本研究整理

　　國際上原本整合元件製造（IDM）模式的大廠，也逐漸學習台灣這套半導體委外代工（Foundry）的專業、高效能的代工廠製造模式。

　　而這套水平分工的生態（Eco-system），由於應用於半導體產業已有全球優勢的成功經驗，因此也逐漸直接擴散複製至相關新創產業的生態圈，縮短了其它產業的學習曲線，節省了新創產業許多嘗試錯誤的寶貴時間。

　　此外，在 WEF《全球競爭力報告》，全球 141 個經濟體中，臺灣在四大評分標準中，不但「總體經濟穩定」項目與其他33國共同奪冠。「**創新能力**」亦持續總排名列於前茅，與德國、美國、瑞士一同續居 4 大創新國，在此細項之下，臺灣的優勢項目「產業**群聚**發展程度」與「**專利權數量**」皆排名第 3。顯

示臺灣總體經濟穩定、新創產業的研發實力堅強。顯見政府長期推動產業群聚發展已見成效。完善的產業群聚發展，不但是提升台灣在地經濟成長與提高生活品質之動能，亦是帶動我國區域均衡之核心。而專利權數量的名列前茅，亦顯示出我國專利技術實力的堅強及舉國重視專利的程度。

例如，在運輸載具應用方面，台灣汽車電子專利技術精良，產值近年來增長迅速。其中，台灣的車聯網 ICT 相關產業也在市場前景巨大的帶動之下，在硬體、軟體、大數據、生態系統四大應用領域機會豐富。

台灣產業一向具備上游半導體與下游 ICT 應用的產業優勢，且產業發展車載資通訊相關技術已久，在車載機、網路通訊與全球衛星定位系統（GPS）等產品都是世界領先，在先進駕駛輔助系統（ADAS）的全球供應鏈也已具有一定的產業地位優勢。

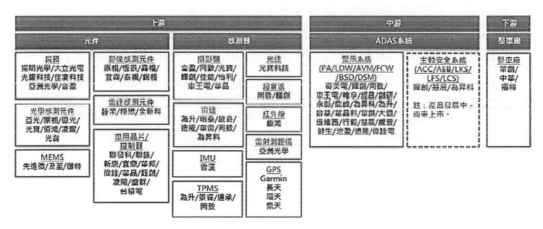

圖 16 台灣潛力新創——智慧運具相關 ICT 產業優勢之產業鏈上下游
資料來源：經濟部，本研究整理

此外，台灣產業鏈獨特的優勢即是具備產業群聚效應。產業群聚可說是台灣近年經濟發展極其重要的資產與優勢。產業群聚的定義是：「在某特定領域中，一群關連企業、專業化服務供應商與相關的研發機構，他們彼此擁有共通性或互補性以及互利共生的連結」。

例如：廠商為追求利潤最大的前提下，會尋求成本最小的生產方式，其中透過廠商間垂直或水平的連結，以降低交易成本、提高利潤的群聚模式，在經濟體中十分常見，這樣的現象便是產業群聚，產業群聚不僅可以增進組織的生產效率，也可以提高群聚整體的市場需求，進而提升企業、產業與國家競爭力的整體影響與重要性。

台灣分布在從北到南的產業是依地方發展及產業特性，形成了許多產業群聚，發展類型相當多元，其中科學工業園區就是典範之一，以緊密的上中下游供應鏈結構，加上彈性及敏捷的生產優勢，可快速且彈性因應市場變化，並有效降低成本，促使台灣產業群聚的競爭力傲視全球。

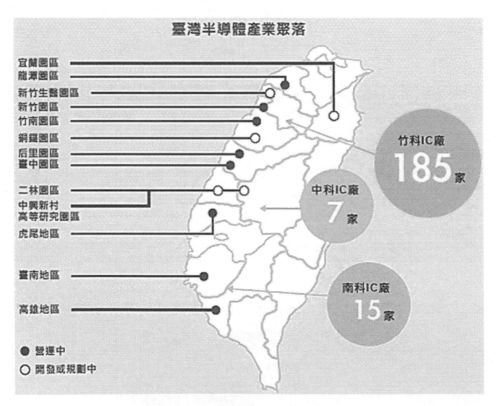

圖 17 台灣產業重要優勢──產業群聚（以半導體／ICT 相關產業為例）

資料來源：經濟部，工研院，本研究整理

在 AIoT 及 5G 時代，半導體／ICT 相關產業仍扮演關鍵角色。未來台灣半導體產業會陸續推出 5G 相關晶片以提升終端應用產品的整體效能。隨著全球半導體產業競相邁入微縮的挑戰越來越高，也持續考驗台灣半導體產業異質整合和新興元件的能耐。未來 AI 與 5G 並行發展，更多裝置智慧化並互相聯結，可望早日實現「萬物互聯」願景，越來越多汽車業者更樂意展現科技如何在汽車上產生互動、迸出火花。因此對半導體／ICT 相關產業來說，進一步發展成為「汽車應用商機」的相關聚落也已是兵家必爭之地。

台灣除了半導體／ICT 產業有群聚優勢之外，顯示器、電子零組件／次系統、車輛／零組件、金屬／醫材、紡織等也都形成產業鏈，共約有六大群聚的優勢。

表 1 台灣主要六大產業群聚

項次	領域	項目
1	半導體／ICT	晶圓代工、IC 封裝、IC 測試、MaskROMs、IC 設計、DRAMs、Chipset
2	顯示器	TFT-LCD 面板、OLED 面板、可攜式導航產品（PortableNavigationDevice；PND）
3	電子零組件／次系統	電解銅箔、光碟片、主機板、ABS、WLANs、IC 載板、發光二極體、印刷電路板
4	紡織	玻纖布、聚酯絲、PTA、PU 合成皮、耐隆纖維、機能紡織、碳纖維
5	車輛／零組件	車燈、保險桿、鈑金件、後視鏡、橡膠／塑膠件、模具
6	金屬／醫材	螺絲、螺帽、錫條、電動代步車、電動輪椅、工具機、塑膠機械、血糖計、隱形眼鏡、腳踏車

資料來源：經濟部，工研院，本研究整理

參、

新冠疫情下的台灣產業影響與新創趨勢發展

一、新冠疫情下——台灣產業仍穩健成長

　　此波 Covid-19 疫情重創全球經濟，但不包括臺灣！疫情雖蔓延全球，但臺灣民眾卻可以如常生活。因爲臺灣守住疫情，促使經濟穩健成長。

　　臺灣由於採取了有效經濟政策，刺激了經濟活動，造就了經濟逆勢成長，是全球成長最快的經濟體之一。

　　在內需、外銷持續創高之下，臺灣可望成爲全球少數在疫情肆虐下仍保經濟成長的經濟體。臺灣已成爲全球科技供應鏈最重要的關鍵一環，是世界上最重要的製造重鎮。而台灣的產業重要性地位，亦將隨著美中科技戰持續而繼續增長。幾十年來臺灣經濟成長速度首次超過中國大陸（109 年經濟成長率臺灣 3.11％，中國大陸 2.3％）。

　　台灣此次對抗新冠肺炎（COVID-19）疫情的關鍵武器，「口罩國家隊」在很短的時間內，即能整合工具機與口罩上游紡織原料業者，在一個半月內順利生產，成功地展現了台灣產業鏈群聚優勢所發揮的綜效！也因而成功地打開了「Taiwan Can Help」的國際能見度。

二、新冠疫情下──台灣經濟逆勢成長之數據明證

全球有 75% 的個人電腦、50% 的 LCD 螢幕、25% 的半導體和 20% 的智慧手機都是來自臺灣製造生產，而全球最大的晶圓代工廠─台積電、電腦／硬體開發商的宏碁和華碩、全球最大的電子產品代工廠─富士康等，公司總部都在臺灣。因此此波疫情之下，台灣內需、外銷仍能持續創新高。

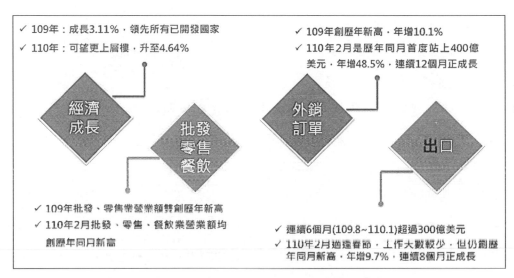

圖 18 台灣不畏疫情，內需、外銷持續創新高
資料來源：經濟部，本研究整理

而除了產業發展興盛之外，政府也持續推動重要投資案，不畏疫情而仍加速方案的落實：

三、近年台灣重要投資分析

方案落實情形

投資臺灣三大方案投資金額
1兆1,999億元

截至110年底預估落實金額
1兆20億元

投資進度

廠房整建
310家
到位3,286億元

安裝設備
250家
到位1,843億元

完工量產
277家
到位4,891億元

圖 19 重要投資案進度分析圖
資料來源：經濟部，本研究整理

　　臺灣產業能不畏疫情，而持續成為全球科技供應鏈重要的關鍵環節，實非僥倖。實而乃源自台灣政府產業策略，締造產業多樣化創新、彈性以及營運效率使然。以車用電子相關供應鏈為例來證明。例如：偉詮電、華晶科、怡利電、同致、六暉—KY、車王電、凌陽創新，等不勝枚舉。以電源管理 IC 廠偉詮電為例：除了車用電源外，也創新開發了用於車用 ADAS 的環車影像（AVM）與智慧攝影機（SmartCamera）晶片等。

　　而又如台灣車用影像感測（CIS）供應鏈如：IC 設計廠晶相光（3530）、封測廠同欣電（6271）併購勝麗後正式成為全球最大 CIS 封裝廠，而勝麗主攻車用 CIS 的 COB 封裝，最大客戶為 ONsemi，第二大客戶為 Sony，加上原有車用客戶 OmniVision，合計三大車用 CIS 客戶市占率高達 70％。而 ONSemi 旗下的 Aptina 為全球最大車用 CIS，同時也是特斯拉 CIS 主要供應商，Model 系列車款八顆 CIS 中有六顆為 Aptina 提供。積極布局未來車的 SONY，近期開始擴大擴大委外封測比重，使得同欣電持續拉高車用電子的營收占比。其他案例又

如：日月光投控（3711）及京元電子（2449）；毫米波雷達供應鏈爲升（2231）、明泰（3880）、啟碁（6285）及同致（3552）。都隨著車市復甦及車用電子含金量增加，預期營運將持續十年以上的好光景。

另外，隨著中國大陸法規規定——重量超過十八公噸的重卡及拖曳機自九月起皆須配備前方碰撞預警（FCW）系統，例如爲升公司已開始出貨 77GHz 毫米波雷達給中國重卡代工廠，月營收增漲動能明顯轉強，目前供應兩家前五大代工廠，2021 年第一季新增出貨給第三家代工廠。目標取得逾半數的市占率。而原先延遲的美國校車專案，在客戶已完成所有道路測試，2021 年開始出貨，成爲貢獻營收的新動能。另也預期轉彎輔助售後市場（AM）專案，將很快開始出貨，均價與獲利率高於中國大陸的重卡業務。

四、國際新創因疫情而大裁員——但台灣新創仍逆勢發展

2020 年全球新創受到新冠疫情的影響而導致裁員、技術獨立性。國際新創產業受疫情影響而導致大裁員。

裁員數前 10 大新創企業						
#	公司名	國家	裁員人數	裁員比例	公布時間	描述
1	Uber	美國	3,700	14%	5/6	叫車/共享交通
2	Groupon	美國	2,800	44%	4/13	團購網站/折價券
3	Airbnb	美國	1,900	25%	5/5	短租平台/共享住宿
4	Toast	美國	1,300	50%	4/7	餐廳 POS 系統
5	Yelp	美國	1,000	17%	4/9	線上評論網站
6	Magic Leap	美國	1,000	50%	4/22	擴增實境（AR）
7	Lyft	美國	982	17%	4/29	叫車/共享交通
8	TripAdvisor	美國	900	25%	4/28	旅遊平台
9	Juul	美國	900	30%	5/5	電子菸
10	Swiggy	印度	800	-	4/21	餐飲訂購與外送
10	CureFit	印度	800	16%	5/4	健身平台

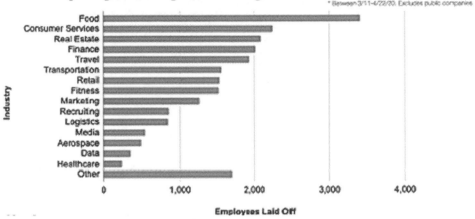

圖 20 全球受疫情影響的新創產業

資料來源：Layoffs.fyi，本研究整理

　　2020 年全球新創受到新冠疫情的影響而導致裁員風潮，但在台灣新創圈的投資中卻仍然不斷有亮點。例如：2020 年一月耐能智慧（Kneron）公布完成 A2 輪 4,000 萬美元募資，主要投資者為 Horizons Ventures。耐能智慧（Kneron）是 2015 年創立於美國聖地牙哥，專注於終端人工智慧（AI）晶片與硬體技術，並提供軟硬體整合的解決方案，包括終端裝置專用的神經網路處理器以及各種影像辨識軟體等。其成功模式的關鍵因素是讓更多裝置具備 AI 處理能力。

表 2 台灣各類型新創企業的成功模式

模式	說明	關鍵因素	指標新創
AI 晶片與硬體	將 AI 運算能力導入晶片或嵌入硬體，賦予更多裝置運算 AI 的能力	讓更多裝置具備 AI 處理能力	耐能智慧（Kneron）
運算平台與基礎設施	提供 AI 雲端類應用，包括運算平台或基礎設施	快速擴大雲端服務規模與支援性	工合

	提供 AI 技術開發架構、演算法與認知服務技術，例如視覺辨識、語音處理、深度學習模型……等	領域專業知識+打敗傳統的效果	洞見未來科技
框架/演算法			
通用型企業 AI 解決方案	提供如客戶關係管理（CRM）、人力資源類（HR）、資產管理或計畫管理等通用型企業 AI 解決方案	高 CP 值 or 降低進入門檻	行動貝果
特定產業 AI 解決方案	提供如醫療健康和金融等特定產業之 AI 解決方案	早期參與佈建產業生態系	雲象科技

資料來源：TowardDataScience，資策會，本研究整理

此外，疫情之下也還有因零接觸趨勢而受惠的案例，例如零接觸的 M17（直播互動平台的新創企業），2020 年 5 月完成 D 輪 2,650 萬美元募資，投資者包括 Vertex Growth Fund、Stonebridge Capital、Inno Ven Capital、Kaga Electronics、ASE Global Group 等。M17 於 2015 年在台灣成立，目前在日本及台灣已擁有超過 60% 市佔率，是亞洲最大的直播互動平台。抓緊疫情期間越來越多線上觀看的新媒體趨勢，疫情期間 M17 的簽約內容創作者、新用戶註冊紀錄及用戶互動均創下新高。

此外，疫情零接觸趨勢也受惠的案例，例如加密貨幣新創，冷錢包技術的庫幣科技（CoolBit）成立於 2014 年，從美國群眾募資平台 Indiegogo 起步，成功打造出成熟的市場產品，並獲得 SBI 集團的青睞。2020 年 2 月完成 B 輪 1650 萬美元募資，由 SBI Crypto Investment 領投，BitSonic、Monex Group 與國發基金共同投資。

而與疫情有關的生醫領域案例方面，如昱展新藥（Alar），2020 年 5 月完成 1830 萬美元募資，中華開發生醫創投與國聯創投為主要投資者。昱展新藥成立於 2016 年，基於長期中樞神經系統與慢性病用藥開發經驗，以 505（b）2 產品為開發目標，透過自行研發之長效注射針劑平台，開發治療鴉片類成癮

症及難治型憂鬱症之長效藥物。

　　生醫領域另外案例，如致力於開發脊椎微創手術機器人輔助系統的炳碩生醫，2016 年成立，在 2020 年 5 月完成 5.4 億元新台幣（約 1,800 萬美元）的 A 輪募資，投資者包含台杉投資、TransLinkCapital 與國發基金。

　　最後，也很值得一提的，是能源物聯網新創——聯齊科技（NextDrive），該公司成立於 2013 年，2020 年 3 月宣布獲得軟銀（Softbank）旗下 Arm 安謀控股所管理的 ArmIoT 基金、美商中經合集團及阿里巴巴台灣創業者基金等共 1,000 萬美元的 B 輪投資。NextDrive 切入消費者用電需求痛點，打進日本電力市場，針對電力公司銷售智慧能源匣道器 CUBE 與能源管理解決方案，協助其掌握客戶用電狀況，進行電力調度。對用電戶來說則可搭配蓄電池達到個人能源監控管理，並節省電力開銷。NextDrive 目前客戶已包含日本十大電力公司在內的中部電力、東北電力等。

　　從新創投資人類型比例的統計趨勢來看，國內企業與企業創投（CVC）所佔投資比例約 50～60%。海外投資人約 10～20%。而近年投資愈發積極的則為國內創投(VC)與國發基金(NDF)所佔比例，國內創投(VC)所佔比例約 40~50%，而國發基金（NDF）則是 10～20%。

圖 21　各類型投資人參與台灣新創投資的比重（2020 往前五年作統計）
資料來源：台灣經濟研究院，本研究整理

與其他各國相比，台灣新冠肺炎疫情雖控制極為得當，但仍不免也會稍影響了創投業者的心理。本就屬高風險投資的創投事業，在這段期間面對未來疫情的不確定性，大致是處於謹慎觀望階段。而對於創新產業來說，不論有沒有疫情的干擾，仍必須不斷面對層出不窮的市場考驗與突破，已是新創產業成長的常態。即時調整商業模式，或在疫情下創造新的商機，是新創企業的生存本能，也是鍛鍊其強項與優勢的好時機。畢竟能抗寒耐飢，具備全球競爭實力的新創產業，才能獲得更多國際資金的青睞。

5G 時代，汽車新創產業已成為專利侵權訴訟的新目標：

新冠肺炎期間，特別值得注意的是，國際專利業者 NPE（Non-PracticingEntity：非專利實施實體）的興訟案件已大舉增加了。在 2020 年當中，NPE 與一般企業在專利訴訟上有著完全相反的表現：就一般企業來說，或許正因為新冠肺炎使得日常營運大亂，在訴訟上也變得更為保守，但 NPE 卻逆向操作，在疫情期間大舉興訟，也是繼 2016 年後，NPE 再次超越了 2000 件的案件量門檻。之所以出現這種現象，首要原因即為產業和技術的革新。於此同時，成長幅度最大的車聯網產業在 2020 年被 NPE 訴訟案件量翻倍成長。這個現象反映了車聯網產業的來臨。在 5G 時代當中，除了網通與半導體仍居關鍵地位，汽車業更將取代 3G、4G 時代的行動通訊裝置，成為最熱門的應用領域。

更加值得關注的，是 NPE 產業也正朝向大型化併購發展。近年眾所週知的是，在美國 AIA 法案之後，被控侵權人可以透過雙方複審程序（IPR）來反制專利權人，因而使得 NPE 除了得面臨侵權訴訟中報酬的不確定性，還得擔心賴以維生的專利權在 IPR 程序中消失。但是近期新冠肺炎期間，反而使得 NPE 有生存機會並朝向了大型化發展。因為大型化 NPE 有著強大資金奧援的好處，除了可以到處買專利，更可以加強訴訟的實力，不但能用來主張權利的武器量大增，也可以更從容應付對手的無效挑戰，甚至還可以在全球多個國家同時發動侵權訴訟，讓對手難以應付。

肆、

台灣創新創業研發資助相關政策方案與案例分析

一、台灣創新創業相關措施帶動了新創企業獲得國際資助

台灣具備國際競爭力的新創產業，在國發會從 2018 年新成立創業天使投資方案而加速帶動下，也獲得了國際大筆資金投注。在 2019 年年末的成果發表會中，國發會宣布 Gogoro（睿能公司）以及 Appier（沛星互動科技）已達標符合獨角獸公司定義的資格。Gogoro（睿能）獲得了新加坡淡馬錫基金等投資者投資 3 億美元；而沛星互動科技（Appier）則獲得宏誠創投、淡馬錫、Insignia Venture Partners 等投資 8,000 萬美元；2020 年更有耐能智慧（Kneron）獲得 Horizons Ventures 的 4,000 萬美元投資。此一風潮帶動後，不僅讓台灣諸多新創成為國內投資者追逐的對象，也出現許多吸引眾多國際投資者目光的優質新創，如 Elixiron、Tricorntech、CoolBitX、NextDrive……等等。以下例舉幾個台灣創新創業的產業領域案例加以說明，如：AI／大數據與分析領域、以及先進製造領域等：

1.AI／大數據與分析（AI，BigData&Analytics）

iKala 是一家提供各種雲端及 AI 解決方案的新創公司，亦是 GoogleCloud 全球最大的合作夥伴之一，2018 年獲得 500 萬美元的 A 輪融資，隨後在 2019 年完成 1,000 萬美元的 A+輪融資。此外，微軟投資約 3,000 多萬美元建立 AI 研發中心，預計招募近 200 名規模的研發團隊，代表推動 AI 產業已獲得國際級公司的認同與支持。

2.先進製造與機器人（AMR）

榮獲 2018 CES 創新獎殊榮的新創團隊─麗暘科技，以家庭為出發、專注於服務小孩與老人為主要客群的「Robotelf 居家智能機器人」，將其設計應用於智慧保全、長期照護、培養教育與商業銷售服務等場景。

顯見臺灣堅強的硬體製造能力底蘊，加上軟體研發能量，使得 ICT 產業鏈具完整優勢，而台灣政府在支持創新創業的計畫策略上，更是不遺餘力。尤其位居政經與交通樞紐的台灣臺北，已成為推動新創產業總部設立的絕佳處所，在投資環境表現上具有優勢競爭力。臺灣創新創業成功案例的原因分析如下：

1. 當地創投資助促進新創事業成長：根據中華民國創業投資商業同業公會統計
   資料顯示，國內約有 200 家創投公司，國發會亦投資 8,300 萬美元於 4 家創
   投公司，協助促進新創事業成長。

2. 外國人才就業金卡：自 2018 年以來，臺灣已發放 465 張就業金卡，整合了
   外國人才來臺工作的必要證件。包含工作許可、居留簽證、外僑居留證以及
   重入國許可。可申請就業金卡的人才專業領域包括科技領域、經濟領域、教
   育領域、文化、藝術領域、體育領域、金融領域、法律、建築設計領域。

   國際 GSER 報告廣泛評估全球城市的新創事業成功因素和生態系表現，資
料顯示 2016～2018 年新創生態系貢獻了 2.8 兆美元的產值。整體而言，自 2018
年的創投金額高達 2,200 億美元以來，創業氛圍持續的興盛，都促使主管單位
對於創業相關政策更加投入。例如台灣在早期階段挹注資金、成立新創支援機
構或計畫、移民、國際化、稅賦優惠、監管沙盒、新創採購等，在既有的產業
基礎下，為新創事業掃除障礙、提升競爭力。儘管臺灣在全球創新報告中還仍
有許多待加強的面向，在各項揭露數據中普遍低於全球平均值；然而在創業階
段屬於萌芽期的各城市中，台灣臺北的評比表現卻均在水準之上。成功的資助
方案例有如：臺北市政府全力支持與扶植新創事業，除了成立
「StartUP@Taipei」創業服務辦公室，提供民眾及企業各階段的創業資源，因
應創業趨勢與需求，推動「產業發展獎勵補助計畫」、「補助工商團體及廠商海
外參展計畫」、「產業融資優惠專案」、「社會企業推廣服務計畫」等政策。同時，
規劃各類型產業創新基地與孵化育成空間，共有 22 處創業基地，總樓地板面
積達 63 萬餘平方公尺，10 處已正式營運，提供創業者優質孵化環境。新創業
者的突破機會點，或是在特定深度科技領域的表現，都是未來新創生態系發展
上被持續關注的焦點。

二、台灣企業也積極合作外部創新

綜觀國際，全球領導企業的成長動能，大部分是來自於創新——尤其外部創新。為順應國際趨勢，國發會最近提出的「精進新創事業投資環境 2.0」，目的就是鼓勵台灣企業成立企業創投（CVC）投資新創，讓企業因應更多國際新變局。

一般而言，「投資報酬」永遠是企業投資新創之後最大的期待，但台灣有些中小型企業卻會顧慮「賠不起」而縮手投資新創。為了解決此一問題中小型企業藉由集體投資創投基金、一起培養 VC 團隊，由外部的專業投資機構來協助企業接近新創，藉此便可補強中小企業企業找尋成長曲線的能力，「集眾人之力，對企業轉型、對新創茁壯以及台灣經濟的發展，都帶來了很大的突破。例如台杉國家級投資公司這兩年發布的「台灣產業新創投資白皮書」就點出全球趨勢：企業儼然成為全球新創投資的主力！

國際頂尖企業自十年前，即開始積極投資新創團隊或事業，國際上探討新創投資對於企業躍進成長的期刊論文也愈來愈多。根據國際企業創投聯盟（GCV）調查，2011～2018 年間，每年進行新創投資的企業家數顯著成長，到2018 年達到歷史新高，全球百大企業中也有 74％業者都表態投資了新創。而產業創生平台和台杉投資合作調查的《2020 台灣產業新創投資白皮書》內容即指出：在這十年內，部分台灣企業嘗試併購和投資新創。雖然有採取外部創新的台灣企業，但大多則仍偏好「合作」更勝於投資，有 64.4％的企業與學校或研究單位合作，而 55.5％則與新創公司策略合作（如共同開發產品），而有台灣企業亦採取多元作法，例如：直接投資、成立企業創投（CVC），或者投資外部 VC 創投基金。

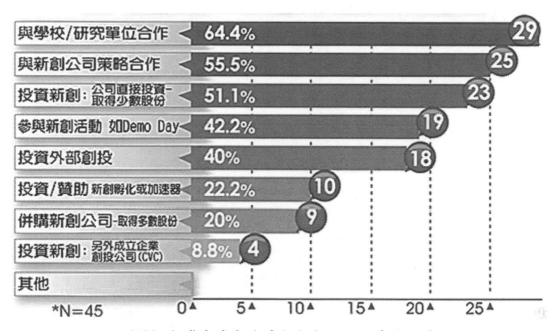

圖 22 台灣產業合作外部創新的主要案例方式
資料來源：台灣產業創生平台，工商時報，本研究整理

　　近年投資新創的企業已有成功案例出現，例如：資訊整合服務商精誠資訊，透過跨業、跨界投資和併購，推動「跨領域數據大連結」的生態整合，五年內已新成立、或直接投資、合資以及併購了多達 18 家公司。

　　又如，國發會鼓勵、聯發科技創投早期支持的 Appier 已經堪稱獨角獸企業，成功開發了 Aixon 與 CrossX 兩大產品線。「Aixon 人工智慧商業決策平台，重視產品發想與設計階段的資料整合分析，幫助產品、行銷、數據與 IT 部門深入理解使用者並預測可能的行為，CrossX 程式化購買平台，則扮演最後一哩路角色，透過 Appier 的演算法，找出最符合行銷目標的受眾。」兩大平台為互補關係。其中 Aixon 人工智慧商業決策平台推出近一年，瞄準中大型企業用戶（因為中大型企業用戶擁有較多的資料量，且內部部門較為龐大，有更高的意願採用相關服務）。客戶集中在台灣、新加坡與日本三地，台灣已經有東京著衣與拍手等電商，以及天下雜誌等出版業與李奧貝納等廣告代理業者採用。平台技術上採用監督或半監督式機器學習。CrossX 跨螢數據庫在亞洲觸

及近 7 億名跨螢網路使用者、20 億台裝置；在台灣觸及 1500 萬名跨螢網路使用者。在台灣網路用戶的覆蓋率為八成，而跨裝置的使用者辨認精確率更高達九成。跨螢數據是其核心競爭優勢，這方面的數據累積在亞洲是位於領先地位，CrossX 使用者行為數據庫也是 Appier 差異化所在。Appier 目標是成為企業的專屬 AI 團隊，並且讓企業導入人工智慧時更加容易（MakeAIEasy）。

另外，大亞電線電纜集團（含大亞創投），在投資創新繳了很多學費，但一路走來堅持透過新創建立企業成長的第二曲線、第三曲線，大亞集團斥資設立了 CVC（企業創投），耐心地從孵化器開始陪著新創成長。而另外例如：上騰生技顧問公司則堅持即早加速投資，因為「投資新創，如同投資健康一樣，能愈早開始是愈好」。儘管如此，台灣還是有一些企業尚未與國內外新創圈有任何形式合作，因此仍是有很大可努力的空間存在。而分析新創企業本身在募資表現上，能特別突出的原因，除了跟應用成熟度有關之外，若發展越久、分工越細緻明確的領域上，相對地能獲得投資的新創家數也會較多。

三、政府與民間充沛之創新創業相關資源締造成功案例

　　台灣政府與民間持續努力合作，有許多協助創育的單位都有在提供各項輔助方案來協助新創。例如近年關鍵金流引活水方面，政府與民間合作已有實際成功案例，如：高雄市經發局委託工研院，於 2019 年設置與經營之高雄智慧科技創新園區「KO-IN 智高點」，即透過介接證交所、櫃買中心等每日即時交易數據服務，建置「智慧金融之丘」，提供進駐業者以及南部產學研各單位無償使用與合作對接，不但有助於金融科技落地高雄發展，深化南部金融創新能量，更可進一步透過金融新創之創新服務，提供中小企業與創業家另一種籌措資金之管道。

　　「KO-IN 智高點」進駐的新創團隊「必可企業募資」（BZNK），即為一家專注於協助中小企業，以應收帳款取得大眾融資的媒合公司。其成立近 4 年的時間，目前已協助台灣 200 多家中小企業向社會大眾取得了 8 億多的營運資金。工研院為了扶植必可企業募資持續成長與擴大營運模式，針對中小企業對接銀行不易的痛點，以工研院新事業育成平台資源，幫助「必可企業募資」另外成立「聯享金融科技籌備處」來測試市場，並推動早期的客戶開發與建立銀行合作管道，進一步形塑一個良好的合作模式，協助中小企業順利取得銀行資金，亦讓「必可企業募資」完成新創最後一哩路。

　　另外，政府提供之創新創業相關資助資源方案已經相當完整，尤其國發會「優化新創事業投資環境行動方案」獲致之豐碩成果，如下表所示：

表 3 國發會優化新創事業投資環境行動方案重點成果

資料更新：110.Q1

為掌握數位經濟趨勢，培育更多優質的新創事業，加速臺灣產業創新轉型，本會自 107 年起推動「優化新創事業投資環境行動方案」，從資金、法規、人才、市場等面向，建構有利新創發展的環境。重點成果說明如下：

一、	充裕新創早期資金	
	（一）	國發基金於 107 年啟動 10 億元「創業天使投資方案」，並於 108 年提出個案投資金額提高至 2,000 萬元且累計可達 1 億元、放寬申請適用對象等精準措施，並加碼匡列額度至 50 億元。已通過投資 130 家新創事業，帶動投資約新台幣 49.18 億元。另，與國際知名創投（如 Infinity 等）合作，引進國際資金及人脈網絡，協助新創拓展市場。
	（二）	「產業創新條例」有限合夥創投投資新創採透視個體概念課稅及天使投資人租稅優惠已於 107 年施行，有助擴大投資力道。
二、	人才發展及法規調適	
	（一）	「外國專業人才延攬及僱用法」已於 107 年施行，就業金卡已核發超過 2,000 張（首張頒發予 YouTube 創辦人陳士駿）。另創業家簽證迄今已有 45 個國家地區共 482 案通過。此外，107 年至今已選送 27 位青年赴美國 Draper University 創業英雄營，強化創新創業能力。

	（二）	新版公司法於 107 年 11 月正式施行，包括可發行無面額股票、複數表決權等 10 項有助新創發展措施，並完成金融科技、無人載具 2 項創新實驗條例立法，導入監理沙盒機制。另「新創法規調適平臺」已協調處理 34 項議題（如自有自用停車位共享等問題）。
三、	政府成為新創好夥伴	
	（一）	新創共同供應契約已上架 46 家新創產品及服務，採購金額逾 9,000 萬元，衛生福利部亦主動釋出健康存摺平臺系統，已有 90 家公私立機構及新創業者申請介接。
	（二）	科技部協助大專校院科研成果商業化，107 年迄今已有 20 件個案成立新創公司，公司估值達新台幣 53 億元。
四、	提供新創多元出場管道	
	（一）	107 年公布大型無獲利企業上市櫃方案，並增列上櫃電子商務產業類別，已有 7 家上櫃公司調整為電子商務業（如 PChome、GOMAJI 等）。
	（二）	經濟部已就「企業併購法」鼓勵併購新創進行修法行政作業，將放寬非對稱合併適用範圍、無形資產攤銷等，目前已完成部分條文修正草案預告程序。
五、	新創進軍國際市場	
	（一）	帶領新創赴美國、西班牙、泰國、新加坡等參展，如科技部 109 年帶領 82 家新創參加美國消費電子展（Consumer Electronics Show，CES），獲 13 項新創大獎，並爭取逾新臺幣 70 億元商機。

	(二)	推動臺灣科技新創基地（Taiwan TechArena，TTA），已吸引312 家機構、新創事業進駐；林口新創園（StartupTerrace）亦有 127 家國內外新創事業、加速器等業者進駐。

資料來源：中華民國國家發展委員會，本研究整理

而除了國發會之外，政府各部會提供之創新創業相關補助資源，也有如下多樣管道：

政府部會的創業獎勵及補助：

> 創新創業激勵計畫（科技部）

> 創業服務計畫（教育部）

> 行政院國家發展基金創業天使計劃（國發會）

> 臺北市產業獎勵補助計畫（台北市政府）

經濟部提供的技術研發補助：

> A+企業創新研發淬鍊計畫（經濟部技術處）

> 小型企業創新研發計畫（經濟部中小企業處）

經濟部提供的產品與科技服務研發補助：

> 產業升級創新平台輔導計畫（經濟部工業局）

> 協助傳統產業技術開發計畫（經濟部工業局）

此外，經濟部中小企業處更不遺餘力，針對新創中小企業，提供了更多協助新創產業之融資方案；其中也不乏在地相關資助的方案，因此管道相當多元化。經濟部中小企業處與中華民國全國創新創業總會合作，彙整了相關創新創業資助資訊提供新創產業便利的資訊，列示如下：

資金哪裡找？新創圓夢網來相助

經濟部中小企業處委託中華民國全國創新創業總會之新創圓夢網，根據台灣中央與地方政府提供的投融資專案，設計「創業資金哪裡找」地圖，協助創業者接觸政府的資金資源，詳情請洽新創圓夢網（網址QR code如右）。

貸款	補助	獎金	投資
中小企業創新發展專案貸款	SBIR經濟部小型企業創新研發計畫		國發基金加強投資中小企業/策略性產業計畫
文化創意產業優惠貸款	SBTR中小企業城鄉創生轉型輔導計畫		創櫃板
原住民族綜合發展基金貸款-經濟產業貸款			
青年創業及啟動金貸款			
新竹市中小企業及個人便利貸款			行政院國家發展基金創業天使投資方案
青年從農創業貸款	SIIR服務業創新研發計畫		
客庄地方創生優惠貸款			
新北市青年創業及中小企業信用保證融資貸款			
台北市中小企業融資貸款			
基隆市中小企業圓夢貸款	臺北市產業發展獎勵補助		
金門縣中小企業及青年創業信用保證融資貸款			
桃園市青年創業及中小企業信用保證融資貸款			
企業小頭家			
台中市政府青年創業及中小企業貸款			
彰化縣幸福圓夢貸款			
台北市青年創業融資貸款			
微型創業鳳凰貸款			
就業保險失業者創業貸款			
嘉義市青年創業及中小企業貸款(中小企業)			
新竹縣圓夢貸款			
嘉義市青年創業及中小企業貸款(青年)	SBIR創業概念海選計畫	中小企業創新研究獎	
新北市政府幸福創業微利貸款	基隆市青年創業野肯獎勵補助計畫	新創事業獎	
	U-start 創新創業計畫		

圖 23 創新創業相關補助資源

資料來源：經濟部中小企業處，中華民國全國創新創業總會

　　而由於一般而言，新創企業營收均尚不穩定，若新創企業主獲得的資助金額過少，有時為了營運還必須持續籌措關鍵資金活水而疲於奔命，一直以來成為新創中小企業主最痛的點。因此政府近年也積極推動各類協助新創產業之較大的資金活水融資方案，例如與「中小企業信保基金」合作，推出「無形資產保證專案」，以提供各類協助新創產業之較大額的融資方案，讓新創中小企業能引出較多的關鍵金流活水。

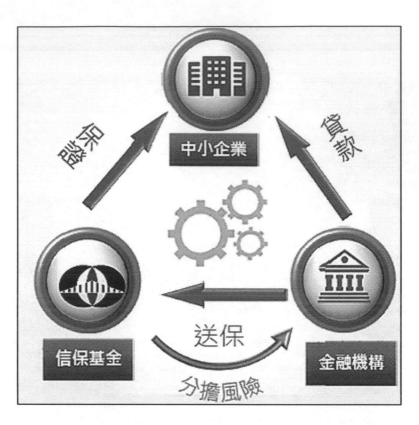

圖 24　信保基金協助新創產業以無形資產進行融資方案
資料來源：中小企業信保基金，本研究整理

　　近年台灣產創條例第 13 條修法通過之後，經濟部即建立了無形資產評價完整的生態體系。而近期更與「中小企業信用保證金協會」共同合作，讓擁有優質專利技術或無形資產之新創中小企業，能夠有機會透過金融機構融資，以補足較大資金的缺口：

資金需求 企業生命週期

| 創業資金
研發資金
購置生產設備
產品開發及行銷 | 短中期週轉金
中長期資金
～擴充設備、量產
、存貨規劃、強
化行銷能力及健
全管理制度 | 研發資金
中長期資金
～擴充產能、
改善財務結構
及管理制度 | 研發資金
營運資金
機器設備資金
～開發新產品、企業
轉型、新增高效能
機器設備 |

| 創建期 | 成長期 | 成熟期 | 轉型與創新
成長期 |

融資保證

| 青創及啟動金貸款
微型創業鳳凰貸款
企業小頭家貸款
縣市政府相對保證 | 一般貸款
外銷貸款
購料融資
履約保證
政策性貸款
中小企業投資台
灣優惠保證 | 輔導升級貸款
機器設備升級貸款
政策性貸款
自有品牌貸款
供應商融資 | 政策性貸款
前瞻建設暨綠能科技
融資保證
外銷貸款優惠信用保證
促進產業創新研究發展
貸款
促進企業創新直接保證 |

類別	項目別	最高保證成數	手續費率	外加額度
創業、小微企業	青年創業及啟動金貸款	8~9.5成(10成)	0.375%	
	微型創業鳳凰貸款	一律9.5成	0.375%	
	企業小頭家貸款	9.5成	0.375-1.375%	
	「千億保」專案	9.5成	0.375%	
新創、創新研發	促進企業創新直接保證	一律9.5成	固定0.375%	
	中小企業創新發展貸款	9.5成	固定0.375%	
	文化創意產業優惠貸款	9成	0.375-1.375%	
	智慧財產權融資信用保證	9.5成	最低0.375%	
	前瞻建設、新創重點產業暨優質企業優惠保證	9.5成	0.375-1.375%	1億元
投資台灣 (國內投資)	中小企業投資台灣優惠保證措施	9成	0.375-1.375%	1億元
	中小企業加速投資貸款信用保證	9.5成	最高0.3%	1億元
	歡迎台商回台投資專案貸款	9成	0.375-1.375%	
出口、 海外轉投資	外銷貸款信用保證		0.375-1.375%	
	外銷貸款優惠信用保證方案	9成	0.75% (企業負擔0~0.25%)	0.6~1億元
	赴新南向國家投資融資信用保證		0.10%	1億元
	自有品牌推廣海外市場貸款信用保證		0.75%	2億元
卓越成長及其他	卓越級獎項優惠保證措施	9成	0.375-1.375%	1億元
	非中小企業專案貸款信用保證	8成	0.75%	
	地方創生事業專案貸款信用保證	9成	0.375-0.5%	合併計算
	社會創新事業專案貸款信用保證	9成	0.375-0.5%	

圖 25 各類協助新創產業之資助方案

資料來源：中小企業信保基金，本研究整理

國內舉凡符合行政院核定「中小企業認定標準」的企業均可提出申請，在申請時中小企業需要檢附無形資產評價報告、營運計畫等文件，由信保基金進行審查，申請保證的上限為營運計畫的 8 成；當中若申貸者無法自行提供評價報告者，信保基金得委由專業機構協助評價，並由申請企業支付評價費用。目前「無形資產保證專案」之申請共有 2 個管道，擁有無形資產的中小企業得依公司與金融業者合作之狀況彈性運用：

（一）透過金融機構提出「知識經濟企業融資信用保證」

此申請方式適用於中小企業本身，已有長久合作的銀行，且其同意企業可以運用無形資產進行融資，此時中小企業可直接向銀行提出申請，並由銀行向信保基金提出「知識經濟企業融資信用保證」申請，完成融資之保證。

（二）企業直接向信保基金提出「直接保證」

此申請方式是由企業直接向信保基金提供「所開發之技術或產品已取得專利權、著作權、商標權，或經資產鑑價機構所產出的評價報告」，依循「直接保證」方案，由信保基金先行對企業營運、財務、經營團隊、無形資產、產業前景等進行評估，並在審查通過後提供保證書，讓中小企業依此作為向銀行申請無形資產融資的保證。

透過「無形資產保證專案」，信保基金可以分擔金融機構承保無形資產之風險，提高其承貸意願，讓我國中小企業或新創企業擁有的優質無形價值智財資產有機會商品化，為新創產業與國家創造實質經濟效益。近期政府已經成功推動透過銀行團、信保基金等相關單位的共同支持、以及工研院三方緊密的專業合作，完成了台灣首批企業以無形資產專利融資成功案例之創舉，不但為中小企業增加一項具有前例可循的融資管道，更創造台灣小而美的新創高價值企業，無形資產智財已成為推升台灣經濟發展的重要力量，創造最大化之產業競爭實力。

近期已成功透過中小企業信保基金合作分擔風險，案例有如：瓏驊科技、亞拓醫材、博信生技等，成功以其專利智財權獲得了銀行的融資；而另外還在進行中的案例，還有包括雲派科技、柯思科技、昇雷科技等 10 餘家企業也正

在程序作業中。

在工研院、台灣企銀、中小企業信保基金合作下，完成台灣首次的無形資產融資創舉。右4至右6為工研院院
長劉文雄、中小企業信用保證基金　董事長李耀魁、台灣企銀董事長黃博怡。首批取得融資的廠商包括亞拓醫
材創辦人洪偉榮（左3）、博信生物科技創辦人王中信（右3）與瑞磁科技總經理葉治宏（右2）。

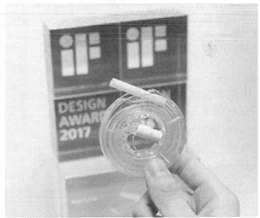

手掌大小的蝸牛式導尿管不僅解決傳統導尿管攜帶不便的困境，也讓亞拓醫材成為台灣第一批獲得
無形資產融資的公司之一。

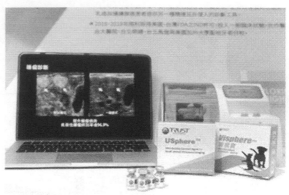

博信生技研發出亞洲第一個超音波顯影劑，以此申請專利融資，作為科技新創公司的緩衝營運資金。

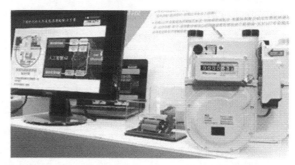

柯思科技打造智慧瓦斯雲端系統，提供天然氣供應商智慧、安全節能的方案，以專利申請融資。

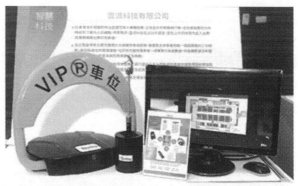

雲派科技－透過物聯網感測技術掌握停車位狀況，並提供車位預約服務，以專利申請銀行融資。

圖 26 近期透過信保基金合作，以專利智財權申請融資的案例
資料來源：工研院，本研究整理

　　實際案例分析：以雲派科技為例，成立 3 年以來，之前所投入的研發與推廣經費，已共花掉約 1 億元的資金。而儘管雖已經獲得了國發基金投資，但仍

打算儘快擴散市場打入到日本、新加坡等8國市場以維持持續營運，因此擴充
資金的需求依舊還是很大。該公司主力產品係主推大型停車場需求，其自行研
發了變色龍室內導航系統並開發易於在手機上操作的介面，能讓使用者觸控就
能 Zoom-in 與 Zoom-out，快速選取所需車位。另外搭配與手機通訊的地鎖，
預約車一到達，車格地鎖就立即下降，維護預約停車者的權益。雲派科技正以
這幾項專利，向銀行申請無形資產融資中。

歸納新創業者申請無形資產融資的案例，業主對此新方案的心得很多，諸
如：「如果能早一點有無形資產融資，之前可能就不用花多年時間去做新創募
資專案了，而是能將心力集中在核心競爭力研發之上」、「無形資產融資除了有
實質的資金挹注外，也代表主管機關已認可了新創的相關專利和其所代表的價
值；連帶的新聞曝光，更讓新創業者被更多銀行、媒體和投資人認識，在資金
背後的免費形象廣告與無形價值反而更大，等於是幫忙開了另一扇門更多的敲
門磚，能夠讓新創產業敲開夢想的大門。」

在各類無形資產（如表所示）相關的價值評估中，智慧財產權——專利—
—就是創新之具體表現。因其具有法律地位，且價值性也較其它種類的無形資
產更易於被評估，因此經常可作為無形資產融資之質押標的。

表4 無形資產的類型

發明人	所屬公司
技術型	專利和非專利技術、軟體和資料庫、秘密配方或操作程序
合約型	授權合約、權利金合約、租賃協議或散播發行權利
客戶相關型	產品訂單、客戶名單、客戶合約或客戶關係等。
市場相關型	商標、商號、網域名稱、非競爭相關協議或設計等
藝術相關型	戲劇表演、書籍和圖片等。

資料來源：International Financial ReportingStandards，本研究整理

而中小企業或新創企業，若依過去經驗，申請專利時間較長，恐來不及獲證用來申請融資，經濟部智慧財產局也已經針對新創產業試辦積極型專利審查加速的方案，方案流程如下：

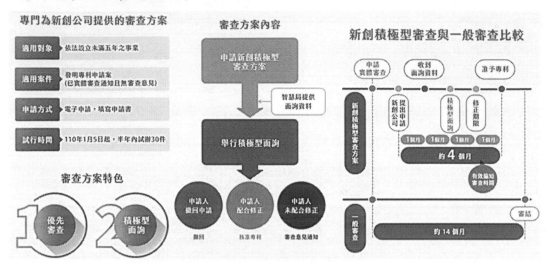

圖 27 政府針對新創產業試辦積極型專利審查方案
資料來源：經濟部智慧財產局，本研究整理

　　未來政府仍將持續擴大推動無形資產智財融資方案，放大協助新創的力道。一般而言，智慧財產（專利）是需要長時間累積的，新創產業自行開發智財實屬不易，因此新創企業也可考慮將法人的優質研發專利成果，直接視為無形資產智財（專利）的來源。業界對於有價值的智財可以向法人付費購買或取得授權，來進行無形資產智財融資方案。如此，產學研多方得以形成良善循環，共同將專利價值鏈極大化，共創多贏局面。

　　傳統經濟學的四大生產要素重視勞力、土地、資本與企業家精神，但知識經濟時代，絕佳的創意、點子更能帶進資本、吸引人才。在過去，有形的生產要素只能得到有限的產出；但知識經濟時代，無形的資產卻更能創造無限的價值，如今台灣已策略性地跨出無形資產融資的成功案例第一步；未來更可望扮演跟土地、資產同等地位的財務工具，來搭橋科技與資金市場，持續支持台灣新創產業前進國際市場打擂台，提供源源不斷資援的理想將會逐步實現。

伍、

新創事業的常見困難與智慧財產權之重要性

一、新創事業的常見困難

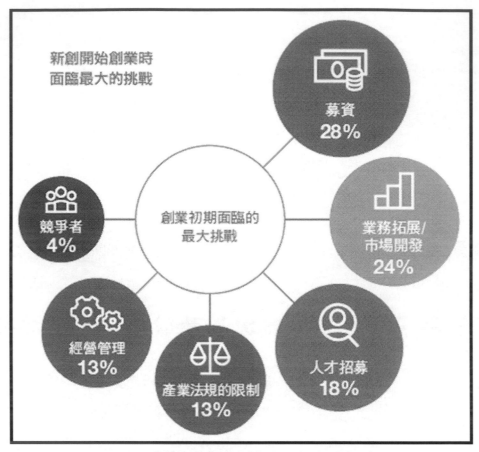

新創開始創業時
面臨最大的挑戰

創業初期面臨的
最大挑戰

募資
28%

業務拓展/
市場開發
24%

人才招募
18%

產業法規的限制
13%

經營管理
13%

競爭者
4%

圖 28 新創開始創業時面臨之重要挑戰
資料來源：經濟部中小企業處，PWC 資誠，台灣經濟研究院

　　關於台灣新創產業常見的困難，根據調查報告顯示：台灣創業環境在成熟度、創業文化、與人才技能方面，表現都很優秀，但是在「資金取得」和「法規環境」方面，則相對顯得較為薄弱。因此，多數新創最大困難多是在於募資、資金取得的方面為最重要之挑戰，也是多數新創企業最頭痛的問題。

二、新創事業期待政府協助——法規環境面智財為首要

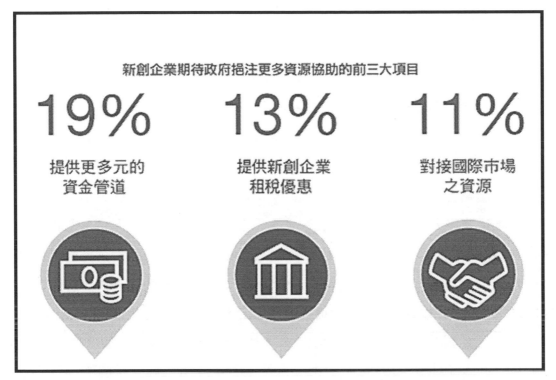

圖 29 新創企業期待政府挹注更多資源協助之三大項目
資料來源：經濟部中小企業處，PWC 資誠，台灣經濟研究院

　　而另外，欲進入全球化海外市場的新創，則更不可忽略的是「法規環境」方面，尤其對於智慧財產（專利）等無形資產、如何得以提升企業價值，以及營運自由（Freedom To Operate;FTO）的基本防護等等概念較為缺乏。因此，新創產業必須非常重視無形資產的正確觀念。

智慧財產權對於新創產業之重要性：

　　畢竟，新創企業光有再好的產品技術，而如果沒有適當的專利佈局與防護，營運成功後反而成為國際競爭對手眼中的肥羊而被興起訴訟，最後恐將背負鉅額賠償，等於是前功盡棄。另外，新創企業要朝向甚麼技術缺口方向去申

請專利，才能打到全球競爭的痛點，也是必須經過系統化精密的專利分析的，而不是憑新創業者自我感覺就能定義出來的。

此外，由於全球技術新創產業的競爭主體，已到達國家層面。尤其近期中美貿易戰可看出：物聯網、人工智慧及實境技術等之新創應用，皆需仰賴晶片、通訊、語音和影像辨識、感測裝置等高階研發與製造技術。而此類技術由於研發成本龐大與知識含量高，原本在全球市場即屬於少數廠商掌握關鍵技術與市占率的寡占市場，且少數巨頭之間的競爭力不相上下、分庭抗禮，並分屬不同國家。例如，高通、聯發科和海思合計占全球手機晶片 71%市占率，且高通和聯發科分別為 29%和 26%，兩家差距甚微；而高通、聯發科和海思分別代表美國、台灣和中國大陸三個不同國家手機晶片產業的龍頭廠商。顯然，當物聯網結合雲端、大數據、邊緣運算、人工智慧、實境技術與 5G 通訊技術後，所建構出的龐大智慧網路，該網路透過網際網路及行動通訊的無遠弗屆，掌握其中的關鍵技術或大數據或平台運作規則，就掌握相關產業的全球市場力。

故可見各國均拉高到國家策略層面，來競逐建立聯網通訊標準和設備規格，同時透過資料保護法、公平法制等等，來防範跨國科技巨擘的不當競爭手段，避免國內龍頭企業的全球競爭力被削弱，也避免這些寡占巨頭透過併購國內龍頭企業而箝制了本國新興產業之發展。實際案例有如：歐盟為促進其單一市場內數位經濟的創新發展，並維持其單一市場內中小企業的創新競爭力，於 2012 年制定了《一般資料保護規則》（General Data Protection Regulation，GDPR）取代 1995 年提出的《個人資料保護指令》（Data Protection Directive），強化了資料所有權人對所屬資料的權限，藉由個人資料保護機制來建立大數據運用的公平競爭環境，作為因應美國 Google、Apple 和 Amazon 等跨國科技巨擘運用大數據取得獨占力而提出的管理措施。而 2020 年 9 月中，美國繪圖晶片大廠輝達（Nvidia）宣布將併購軟銀旗下矽智財大廠安謀（ARM），後者在全球行動裝置處理器架構市占率超逾 9 成，故輝達藉由此併購案可切入全球手機晶片市場，並有機會與美國高通和台灣聯發科這全球兩大手機晶片廠爭奪版圖。由於輝達掌握圖形處理器（GPU）的關鍵技術，英特爾和安謀分別

掌握數據中心和移動通訊的中央處理器（CPU）關鍵技術，故一旦輝達成功併購安謀，美國即擁有從電腦至行動端至數據中心之領導地位，有利於美國進一步制霸物聯網、人工智慧與實境技術產業。相對地，輝達併購安謀則引發了中國大陸非常擔憂，因為中興和華為等中國大陸晶片設計商需要安謀的 IP 授權，在美中當前雙邊關係緊張下，恐不利中國大陸發展自主供應鏈。

加上近年技術新創事業體的併購案件，大多屬於跨國併購，顯示在特定領域擁有關鍵地位的領導廠商，為完備生態系所需的技術領域，所挑選併購對象以全球市場為範圍，著眼的是全球競爭優勢而非僅止於國內競爭優勢。從國家產業競爭力角度，各國政府關切跨國企業併購發生時對本國相關市場整體發展之影響，以及是否因此而削弱該國產業的全球競爭力。以物聯網產業來說，根據國內工研院統計，我國物聯網產值約占全球總產值的 4.33%，在全球市場占比尚小。但我國擁有幾家掌握物聯網產業相關的關鍵技術且屬全球領導地位的廠商，包括台積電和聯發科等。台灣製造業者參與物聯網產業的方式，主要係生產該產業中所需的硬體，像是晶片、感測器、網通設備等，以及代工國際大廠的智慧產品，或是在國際大廠主導架構下搭建物聯網系統，然而這些廠商大多非制定物聯網產業中通訊規則的領導廠商，但擁有關鍵技術智財權者，將會是國際大廠爭取合作或者併購的對象，考量目前地緣政治及國際情勢，以國家為單位的競爭態勢可能為常態，因此如何確保我國相關產業的關鍵技術智財國際競爭力，將是我國相關策略主管機關可多加留意的面向。

國際關鍵技術智財（專利）訴訟所重視的關鍵攻擊點、以及專利品質強度、等等智財專業，都是需要經過精密的分析方能得知。專利佈局等等精密分析的結果，有些關鍵觀點都是新創者從未想過，或從未注意過的可能被攻擊點。以及新創業者如何保護自己的產品專利、需和甚麼國際性的夥伴合作互補，方能構成足夠的防護網，以便安穩跨入國際市場……等等重要資訊，往往都是新創企業業主所欠缺的重要觀念。因此，新創產業會特別需要智慧財產權方面的法務智權布局……等等的系統化服務。而這些甚至於與財務，會計等專業還都會有所關聯。而尤其新創小公司通常沒有足夠的法務智權團隊，進入全球市場

時，常需要跟國際對象雇用的法務人員、甚或大律師來應對（例如：簽訂 MOU、代理協議、各式斡旋、甚至認股選擇權、如何才算是合理的估價……等等專業）。通常我國新創業者都居於相對不對等的弱勢地位，很難跟國際對象具備對等平等的身分來對談。因此新創特別需要這類相關層面的政府政策工具來協助，以及系統化的資源，或分析專案的輔助。因為無形智財，除了眾所周知可主張侵權損害賠償之外還可以有如下多面向功能：

- 無形智慧財產可作為融資擔保品（信保基金已與金融機構合作）
- 無形智慧財產可供增資或入股作價
- 無形智慧財產可提昇企業併購或重整時的估值
- 無形智慧財產還可作為節稅基礎（產創條例已通過施行）

對新創公司而言，將智權規劃交給事務所或第三方的顧問公司似乎是比較容易解決問題的方案之一，但新創公司在資金並不充裕的情形下，相關的智權申請費用所費不貲，若將規劃與布局全部委外的花費也不少，因此，要如何在有限的經費下，精算智財費用以達到最大的防護效益，是新創公司建構智財策略中關鍵的議題。而新創在早期就面臨侵權多是忽略了全面性專利檢索的重要性，自行認定新創技術為獨家的技術，但面臨專利訴訟的風險時卻束手無策；而另一種智權無知的類型，多為新創公司產品被仿冒的案例，由於在事前缺少智財的布局和規劃，無法在法理上伸張應有的權益，最後都只能含淚吞下結果。但不同產業領域的新創團隊的智財策略並不能一體適用，所屬的智財環境與面臨的狀況也並不相同，因此，智財策略的規劃也不一致。

雖然對於一般新創企業而言，想申請很多專利是一件要價不菲的事，而且在多數的新創企業中，管理專利的專責部門更是常常被定位成多餘的成本支出單位。但其實，若能將專利運用得宜的新創企業，越會重視專利的申請，因為申請專利並非只是有去無回的投資，企業靠著專利獲利的機會，甚至遠大於本業技術的開發及產品的銷售，以下幾點即為能藉由專利而獲利的模式：

（一）收取權利金：當新創者有一項技術，並有其技術對應的相關專利，且權利範圍較為上位，此時，即可運用專利授權的手段來與競爭對手、下

游廠商及各欲做技術授權的對象談專利授權,而授權的種類又分成:
專屬授權、非專屬授權及獨家授權等。

(二)賣專利獲利:當企業的研發成果一直源源不絕的產生,所申請的專利也
一定隨時間日積月累的增多,而每年的專利維護費也不斷的墊高,此
時,如企業中有一些已不再需要、不再使用的專利技術,企業是能夠
對這些專利技術進行對外販售的。一來,能降低企業維護專利的成本;
二來,能增加企業的業外收入。

(三)逼和競爭對手:當企業擁有某項關鍵技術的專利時,可以透過尋找侵權
對象,對對方提出侵權警告、甚至提起侵權訴訟,藉以獲取和解金或
是敗訴判賠金。這樣的手段在歐美時常見到,許多專利蟑螂
(PatentTro11)皆靠此一手段進行獲利。

(四)交互授權拓展獲利版圖:在業界中常常會出現「你的專利卡我的產品,
我的專利卡你的產品」之情況,此時如能透過雙方的交互授權協議,
即能拓展彼此雙方的獲利版圖,共創雙贏的局勢。同時也能藉由相關
專利監視,常保觀察相關領域之趨勢版圖動向,產出相關獲利版圖的
技術發展監測等相關決策。

(五)突顯研發能量提高公司價值:當有一些政府計畫案、研究計畫案需要申
請或審查時,專利的申請就顯格外重要,如有專利證書的加持,定能
突顯企業的研發能量,獲取補助的機會或公司團隊的價值也將會因此
獲得提昇。

(六)申請相關補助或資助:如台商於大陸發展,能透過申請專利來取得大陸
「高新技術企業」的認證,藉此亦會有對應的減免措施及租稅優惠。

新創團隊易犯的智權認知錯誤類型:

新創產業在進入智財策略規劃之前,還需注意三種智權誤區,以避免了在
前線努力爭取資金,但在後方卻發生失火的狀況。常見新創產業踏入智權誤區

的狀況有三種：

（一）專利歸屬權認知有誤。例如學界實驗室衍生的新創團隊成員結構多為老師與學生，主要的技術來源以老師為發明人或計劃案的研究成果所取得的專利，但用以「生產經營為目的」的新創事業時，必須先取得「專利所有權人──學校」的技術授權合約，才有合法使用技術、製造、販賣的權利。

（二）期刊專利屬性不同。學校內教授升等、學生畢業皆以論文期刊發表為依歸，因此在學術領域中較熟悉期刊投稿的規則；但校園新創團隊卻很容易踏入誤區：（1）在專利申請之前，已經發表期刊或論文，專利申請規定在期刊或論文公開後 12 個月內需提出專利申請，若超過時效則無法申請；（2）將期刊論文內容直接申請專利，或是將專利的權利內容以研究論文的思維撰寫，但兩者寫作思維並不同，論文是技術細節清楚明瞭，而專利重點在權利項內容是技術保護範圍，如果將專利範圍依據期刊模式論述，過於詳述技術內容，造成專利保護範圍相對縮小，則技術防護力也變得相對薄弱。

（三）使用關鍵專利到期。關鍵專利到期後不再具有法律的保護，成為市場上競爭者合法使用的技術，但既是關鍵技術的專利，則必然是其專利權人的金雞母，在專利到期之前的防護策略必不會少，因此在使用技術前，仍需查明後續是否有相關的專利家族技術，防範未然踏入另一個侵權陷阱而不自知。

　　智權策略與商業模式是同等的重要。新創公司在資金有限的情況下，更應注意避免踏入誤區，智財策略的規劃則以競爭市場及核心技術為保護範圍；以市場所在地為專利申請區域才有相對的保護效益；核心技術專利的布局與技術生命週期、市場趨勢息息相關，技術生命週期若還在初生段，表示離市場的成熟期還很遙遠，新創公司較易面臨長時間資金水位的考驗，因此對新創公司而言，智財策略和商業模式是同等重要，在事前規劃愈詳細，後續的布局則愈完整，除了便於投資方的技術價值評估外，更有助於提升國際競爭力。

陸、

全球智慧財產權訴訟於新創事業之實際案例分析

一、新創運用智慧財產權之訴訟案例

應用智慧財產權發揮綜效之實際案例：松騰實業

近年智財應用成功的案例如：台灣松騰實業公司（Matsutek），曾因爲創新推出吸塵機器人產品後——美國吸塵機器人大廠 iRobot 公司具狀向麻薩諸塞州地方法院提告，主張台灣及中國大陸共 11 家企業所製造，並進口美國的吸塵機器人，共侵害了 iRobot 公司 6 項美國發明專利；要求直屬美國總統的國際貿易委員會（International Trade Commission, ITC），在 1 年內禁止相關侵權產品繼續進口，或供應銷售已進口產品到美國。造成松騰公司耗費大量人力物力、疲於應對訴訟費，鉅額律師費等，把原擬擴廠的資金全數花費於這場專利殊死戰。還被美方要求提供 2003 年起的所有研發資料電子檔，導致公司上下爲此忙了一整年，耽誤開發進度，才學到公司平時即應準備研發紀錄等資料的重要性。且學到原來美國專利原廠可以根據註冊精神隨時更新、擴大適用範圍，雖然松騰早已特別將產品設計成「撞到物品後不轉向，後退，再離開」，以作爲迴避區隔；但 2014 年，iRobot 將原「吸塵機器人撞到物品後，會轉向再離開」的專利擴增爲「掃地機器人撞到物品後會離開」，一下子便將松騰拉進侵權地雷區內。且美國審理專利訴訟案的時間，往往可能拖長達 3 到 5 年，在這段時間內松騰所流失的客戶與市場，與最終訴訟結果將不成比例，可謂得不償失。松騰估計爲此損失約達 300 萬美金。

表 5 案例：松騰實業吸塵機器人案之訴訟資訊

中華民國對應案 I397671 專利範圍 claims1&10：

1.一種定位載體、估測載體姿態與建地圖之系統，包括：

—慣性感測元件，測量該載體的一移動狀態與一旋轉狀態；

—視覺感測元件，配置於該載體的一表面上以拍攝該載體所在的一室內環境內的至少一環境特徵點；以及

一控制器,控制該慣性感測元件與該視覺感測元件,接收該慣性感測元件之一感測結果與該視覺感測元件之一感測結果以估測該載體之一姿態資訊、該載體之一位置資訊與一速度資訊,並建構含有該環境特徵點的一地圖;

其中,該控制器根據該慣性感測元件與該視覺感測元件之一之一修正後感測結果而估測,之後,該控制器令該慣性感測元件與該視覺感測元件之另一感測並且據以修正該載體之該姿態資訊、該載體之該位置資訊、該速度資訊與該地圖;

在命令該慣性感測元件進行量測之前,該控制器估測該載體的該姿態資訊、該位置資訊與該速度資訊;如果在該控制器估測之前,該控制器已計算出該視覺感測元件之該修正後感測結果,則該控制器依據該視覺感測元件之該修正後感測結果進行估測;在該控制器之控制下,該慣性感測元件測量該載體的該移動狀態與該旋轉狀態,並將該感測結果回傳給該控制器;以及根據該慣性感測元件之該感測結果,該控制器修正該姿態資訊、該位置資訊與該速度資訊。

10.一種定位載體、估測載體姿態與建地圖之方法,包括:

利用一慣性感測元件以測量該載體的一移動狀態與一旋轉狀態;

利用一視覺感測元件以拍攝該載體所在的一室內環境內的至少一環境特徵點;以及

根據該慣性感測元件與該視覺感測元件之一之一修正後感測結果而估測,令該慣性感測元件與該視覺感測元件之另一感測並且據以修正該載體之一姿態資訊、該載體之一位置資訊、一速度資訊與一地圖;

其中,在該慣性感測元件量測之前,估測該載體的該姿態資訊、該位置資訊與該速度資訊;

如果在該估測步驟之前,已計算出該視覺感測元件之該修正後感測結果,則依據該視覺感測元件之該修正後感測結果進行估測;該慣性感測元件測量該載體的該移動狀態與該旋轉狀態,並回傳該感測結果;以及根據該慣性感測元件之該感測結果,修正該姿態資訊、該位置資訊與該速度資訊。

案件名稱	案號	系爭專利	被告
iRobot Corporation v. Hoover Inc. et al	1：17-cv-10647	US 8,600,553 B2 US 9,486,924 B2 US 6,809,490 B2 US 7,155,308 B2 US 8,474,090 B2	Hoover Inc. Royal Appliance Manufacturing Company Shenzhen Silver Star Intelligent Technology Co., Ltd. Suzhou Realpower Electric Appliance Co., Ltd.
iRobot Corporation v. The Black & Decker Corporation et al	1：17-cv-10648	US 6,809,490 B2 US 7,155,308 B2 US 8,474,090 B2	Black & Decker Corp. Black & Decker US Inc. Shenzhen Silver Star Intelligent Technology Co., Ltd.
iRobot Corporation v. Matsutek Enterprises Co., Ltd. et al	1：17-cv-10649 本案訴狀	US 8,600,553 B2 US 9,486,924 B2 US 6,809,490 B2 US 7,155,308 B2 US 8,474,090 B2	Bissell Homecare, Inc. Matsutek Enterprises Co., Ltd.（松騰實業）
iRobot Corporation v. Bobsweep, Inc.	1：17-cv-10651	US 6,809,490 B2 US 7,155,308 B2 US 8,474,090 B2	Bobsweep USA Bobsweep, Inc. Shenzhen Silver Star

et al		US 9,038,233 B2	Intelligent Technology Co., Ltd.
iRobot Corporation v. Shenzhen Zhiyi Technology Co., Ltd.	1：17-cv-10652	US 8,600,553 B2 US 9,486,924 B2 US 6,809,490 B2 US 7,155,308 B2 US 8,474,090 B2	Shenzhen Zhiyi Technology Co., Ltd.
Matsutek Enterprises Co., Ltd. v. iRobot Corporation	1：17-cv-12483-LTS	US 8,310,684	iRobot Corporation

資料來源：科技政策研究與資訊中心　——科技產業資訊室

　　而最終此訴訟案造成攻守易位，讓松騰逆轉勝的關鍵，則是松騰利用了工研院過去長期布局的機器人相關專利權組合，才成功箝制了 iRobot 最新發表的「9」系列高價位旗艦機種；以及工研院發展出來的視覺導航清潔功能，屬於有效的「攻擊型專利」，並精選出移動平台、潔淨單元、估測與建地圖系統方法、定位系統模組等共 4 件專利組合反擊，總算發現轉圜生機。由於訴訟在美國，專利訴訟法便賦予美國當地法官有極大權力，任何意圖或有迴避侵權的作為都可能觸法，因此即使被告在美國申請專利，也無法壓迫盡快和解。而另外因 iRobot 每年在台灣市場銷售數量有限，因此 iRobot 也不怕松騰在台灣反訴；所以松騰最後是接受策略建議轉到大陸提告，策略性扼殺 iRobot 在亞洲的最大消費市場，可切斷其出貨、營收。最終松騰於 2017 年 12 月分別向大陸廣東地方法院、保安知識產權局，拿工研院 VSLAM 下世代產品最具攻擊力的專利組合，在中國知識產權法院狀告 iRobot，反訴 iRobot 廣東代工廠仿冒，侵

害工研院授予松騰的專利權，促使保安知識產權局直接以行政處份查扣代工廠內的 iRobot 6 系列產品。而 iRobot 其後雖想申請移轉管轄權到北京、上海、麻州、台灣等地方法院擴大戰火、並提出多達 400 頁文件表達異議，訴請該專利係抄襲前人設計而無效，但中國大陸法院拖了 3 個月未果。松騰憑藉工研院強大後盾終於逼使 iRobot 在短短不到 1 個月時間內申請和解，雙方達成 Win-Win「交互授權（Cross-licensing）」協議，並於 2018 年 1 月 16 日請求 ITC 終止調查、向麻州地院撤告。

之後松騰業績反而因禍得福，主因是其他廠家比松騰產品售價更低的 10 家競爭對手都挨 iRobot 提告後，產品都無法銷往美國，而僅剩松騰可以銷售。於 2017 年末，松騰因此從每年銷售吸塵機器人 150 萬部擴增至 200 萬部，在全球約 600 萬部市場中占有率大大竄升。且該業內因而均非常重視專利，松騰將專利技術授權給其他廠商的比重也可望大幅成長，對營收與毛利率均為雙重利多。

總結此訴訟案使松騰逆轉勝之關鍵：

一、工研院的專利「火藥庫」作後盾，促使松騰有致命武器以戰逼和。

二、策略奏效，不隨對手起舞，另闢戰場。把戰場移到中國，圍魏救趙，逼 iRobot 和解。

此案例帶來啟示，於此知識經濟時代，不起眼的技術智慧財產無形資產，均可能隱含著無窮的潛力。新創產業具備優質專利之後，未來市占率與技術授權金成長力道可期。不僅可用來保住市場，甚至視情況配合策略擴大專利影響力，阻止對手無限擴大專利範圍。此為智財價值運用極大化的極佳案例，值得國內新創產業學習。新創智財的價值鏈要發揮最大效益，從人才養成需要投入經費及時間，再到將研發成果形成產品的保護傘，同時可擴大市場版圖。由於智財需長時間累積，自行開發智財實屬不易，因此新創企業可考慮將法人的優質研發專利成果直接視為智財的來源，業界對於有價值的智財需捨得付費購買或取得授權。如此，產學研多方形成良善循環，共同將專利價值鏈極大化，共創多贏局面。

充分應用智慧財產權之實際案例：

以色列新創 UriCohen 博士——單挑半導體大廠

　　2017 年，以色列的新創者：UriCohen 博士，在德州東區聯邦地院控告台灣台積電（TSMC）及其北美子公司、中國華爲（Huawei）和子公司海思半導體（HiSiliconTechnologies）、以及美國蘋果公司（Apple）等大公司，所生產製造、並使用在智慧型手機等產品的半導體晶片，侵害了其美國專利編號 6,518,668、6,924,226、7,199,052、7,282,445，主要涉及半導體晶圓多種子層封裝結構及製造方法。

專利訴訟案件基本資訊：

　　訴訟名稱→Cohen v. TSMC North America et al

　　提告日期→2017 年 5 月 5 日

　　本案原告→Uri Cohen

　　本案被告→Apple Inc.

　　Taiwan Semiconductor Manufacturing Company Limited

　　TSMC North American Corporation

　　Huawei Technologies Co., Ltd.

　　Futurewei Technologies Incorporated（華爲在美國併購的子公司）

　　Hisilicon Technologies Company Limited（海思半導體）

　　Huawei Device USA Incorporated

　　訴訟案號→1：17-cv-00189

　　訴訟法院→美國德州東區聯邦地方法院

　　系爭專利→US6,518,668、US6,924,226、US7,199,052、US7,282,445

　　系爭產品→台積電所生產的 16 及 20 奈米製程半導體晶片，以及使用前述製程處理器晶片的蘋果和華爲智慧型手機等產品

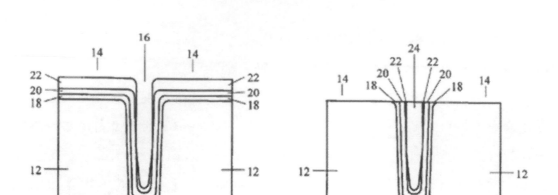

圖 30 以色列 UriCohen 博士控告科技大廠侵犯其半導體專利
資料來源：科技政策研究與資訊中心──科技產業資訊室

　　我國的台積電在本案中成為首要被告，華為和蘋果是台積電主要客戶，由台積電代工供應半導體晶片。因販售至美國的智慧型手機等電子通訊產品，使用了涉嫌侵害系爭專利的台積電 16 奈米及 20 奈米 FinFET 製程處理晶片，故連帶成為被告對象。

　　本案系爭專利 668、226、052、445，皆為新創者 Uri Cohen 所有，主要涉及半導體晶圓多種子層封裝結構及製造方法，過去曾有轉讓給智財管理公司 Seed Layers Technologies（已於 2012 年 12 月 6 日解散）之紀錄：

US 7282445 B2　　Multiple seed layers for interconnects

US 7199052 B2　　Seed layers for metallic interconnects

US 6924226 B2　　Methods for making multiple seed layers for metallic interconnects

US 6518668 B2　　Multiple seed layers for metallic interconnects

本案系爭產品：

- 台積電為華為生產 16 奈米 HiSilicon Kirin 950 和 955 晶片，並使用在華為 P9、Honor 8 以及 Google Nexus 6P 等型號智慧手機產品；

- 台積電為蘋果製造 A8（20 奈米）、A9（16 奈米）和 A8X、A9X、A10（16 奈米）等處理器晶片，並使用在蘋果 iPhone6（S）、iPhone7（Plus）以及 iPad（Touch, Pro, Pro Mini）等多款行動通訊產品。
- 海思半導體則與台積電保持密切合作，共同替華為設計和製造處理器晶片，故同列侵權被告。

　　依據 Cohen 訴狀陳述，在 2000 年 4 月首度與台積電接觸，並介紹專利發明。隨後數年期間，Cohen 多次嘗試聯繫台積電，持續介紹和促請注意專利發明侵權問題，並建議台積電方面取得專利授權。最終，台積電在 2006 年正式回函宣稱未採用系爭專利的多種子層結構（multiple seed layers）技術，並婉拒 Cohen 所提出的授權要求。

　　而 Cohen 且宣稱曾對蘋果和華為手機中的處理器晶片、以及台積電為其他廠商代工生產的 16 和 20 奈米 CPU、GPU、FPGA 等處理晶片進行反向工程分析，發現前述晶片與系爭專利的多種子層結構相同或相似，並具有相同金屬後端工藝。據此，Cohen 認為台積電 16 及 20 奈米晶片生產，使用了其專利發明，進而向法院提告惡意侵權。

　　原告 Uri Cohen 博士個人背景是，生於以色列，1978 年畢業於史丹佛大學材料科學暨工程博士學位，隨後於諾基亞子公司貝爾實驗室（Bell Laboratories）、以色列理工學院（Technion）及加州 Univac 公司等地工作，研究專長是半導體多種子層封裝結構發明。1986 年後，Cohen 開始擔任多家公司顧問，並成立多家新創公司，包括：Silver Memories、ToroHead、Jets Technology、Ribbon Technology。Cohen 已發表約 50 件技術著作，以及累積約 60 件美國國內外專利，部分專利在轉讓給 NPEs 後，使用在專利侵權訴訟（例如 2010 年專利授權公司 Rembrandt 控告美存儲裝置大廠 Seagate 與 Western Digital 侵權 5,995,342 以及 6,195,232 兩項系爭專利）。

　　本訴訟案背景頗為特殊，一來是專利發明人以個人名義直接提告，二來是根據訴狀陳述，原告 Cohen 曾花費長達八年時間，嘗試與台積電內部要員或擔

任該公司外部法務的美國律師事務所進行接觸，討論專利授權事宜，並在系爭專利陸續獲准之同時，持續知會侵權可能性。另外，Cohen 在訴狀中也特別強調，其他被告華為及蘋果兩家公司，實際上並未使用台積電 16 及 20 奈米製程晶片。由此可知，仍有可能會再有一波的涉訟廠商出現在被告名單上。

二、新創企業因缺乏智慧財產權而失敗之案例

缺乏智慧財產權而破產之案例：WaveComputing（Samsung 資助的新創企業）

Wave Computing 這家新創公司是 Samsung 資助的新創企業，專注於 Analytics Artificial Intelligence Big Data Machine Learning，數據流驅動（dataflow）技術、數據追蹤，突破 AI 晶片性能和通用性瓶頸，加速從數據中心到邊緣的 AI 深度學習計算——對客戶的數據進行深度學習訓練，可擴展的 AI 平台。

不料，業績成長之後，被 Complex Memory LLC 控訴，12 項產品侵犯了專利。2020／4／27 美國北加州法院受理 Wave Computing 的破產保護（Chap.11 案件編號：20-50682）。

圖 31 新創企業 WaveComputing 因侵權被訴而破產

資料來源：本研究整理

新創企業不重視智慧財產權而失敗之案例：Drive.ai

Drive.ai 公司成立於 2015 年由史丹佛大學碩博士團隊衍生，專注深度學習算法和 AI 自動駕駛。2017 年，Drive.ai 完成了 5 輪總額 7700 萬美元的融資，估值達到 2 億美元，知名投資機構加入，包括 GGV 資本、NewEnterprise

Associates、英偉達風投部門等。其開發的自動駕駛技術達到 L4 級，以深度學習和智能技術躲避道路障礙物。

　　2018 年，Drive.ai 進行了無人駕駛出租車的試運營並向公眾開放無人駕駛接送服務。而觀察 Drive.ai 從 2015 年成立後，直至 2018 年中都沒有任何關於 AI 的獲證專利，凸顯其核心人物不重視智財權先機。最終於 2019 年結束營業（其生產的 L4 級自動駕駛與現實應用差距甚大）。

曾經估值2億美元！

成立三年獲證專利數:0

drive.ai

- Drive.ai公司成立於2015年由史丹佛大學碩博士團隊衍生，專注深度學習算法和AI自動駕駛。
- 2017年，Drive.ai完成了5輪總額7700萬美元的融資，估值達到2億美元，知名投資機構加入，包括GGV資本、New Enterprise Associates、英偉達風投部門等。
- 其開發的自動駕駛技術達到L4級，以深度學習和智能技術躲避道路障礙物。
- 曾任百度首席AI科學家吳恩達為Drive.ai的董事，其妻卡羅爾·萊利（Carol Reiley）則是該公司的創始人之一。其後並投入深度學習課程教育平台Deeplearning.ai，以及為企業提供人工智能化的Landing.ai轉型服務。

- 2018年，Drive.ai進行了無人駕駛出租車的試運營並向公眾開放無人駕駛接送服務。但其生產的L4級自動駕駛與現實應用差距甚大。而觀察Drive.ai從2015年成立後，至2018年中都沒有任何關於AI的獲證專利，凸顯其核心人物不重視智財權先機。**最終2019年結束營業。**

- Legal Name: Drive.ai Inc.
- Headquarters Regions : San Francisco Bay Area, Silicon Valley, West Coast
- Founded Date: 2015 , 77MUSD
- Founders:Brody Huval, Carol Reiley, Fred Rosenzweig, Jeffrey Kiske, Joel Pazhayampallil, Sameep Tandon, Tao Wang
- Closed Date **Jun 25, 2019**

圖 32 Drive.ai 於 2019 年結束營業

資料來源：本研究整理

其它還有多家新創都是類似狀況，缺乏無形資產，最終後果都不好。整理如下所示：

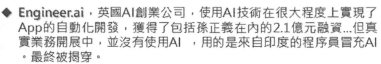

◆ Roadstar.ai，融資1.28億美元之後，在2019年成為第一家倒下的無人車公司。
◆ Starsky自動駕駛卡車明星公司，2020年3月19日宣布停止運營。

◆ Engineer.ai，英國AI創業公司，使用AI技術在很大程度上實現了App的自動化開發，獲得了包括孫正義在內的2.1億元融資...但真實業務開展中，並沒有使用AI，用的是來自印度的程序員冒充AI。最終被揭穿。
◆ Zume，主攻"披薩AI機器人"項目，用機器人AI做披薩，降低成本，立志成為食物領域的亞馬遜，估值40億美元——也獲得了孫正義旗下軟銀願景投資，但最後因披薩很不好吃，夢碎一地，轉型做披薩盒。

◆ Drive.ai，曾經估值2億，2019年6月宣布倒閉，解僱包括CEO在內的90名員工。

◆Wave Computing Inc.2020年4月10日被訴結案之後，開始向北加州法院聖荷西分院遞出了美國《破產法》第11章的破產保聲請。並透過風險資本業者Tallwood Venture Capital的一家子公司，進行總金額約2,790萬美元的債務人重整(debtor-in-possession，DIP)。

圖 33 不重視無形資產的新創最終結果都不佳

資料來源：本研究整理

柒、

全球新創事業智慧財產權布局趨勢之案例分析

諸多新創事業因缺乏智慧財產權正確觀念而失敗,因此新創事業智慧財產權布局的重要性不言而喻。

以下章節,將探討未來十年的十大潛力新創 ICT 相關產業,並對於全球新創事業智慧財產權布局趨勢,進行案例分析範例。分析結果,不僅能讓新創者能快速掌握該新創領域之相關技術外,更可利用國際標準(如 IPC、UPC……等等)的技術分類,探討各國或是各主要競爭公司所研發之技術方向,與預測何種技術方法是未來市場潮流,或是何種技術已經瀕臨末期、以及,是否還有哪些缺口值得佈局,等等,各面向重要之專利技術分析範例。可作為新創事業之參考。

一、未來 10 年十大潛力新創 ICT 相關產業

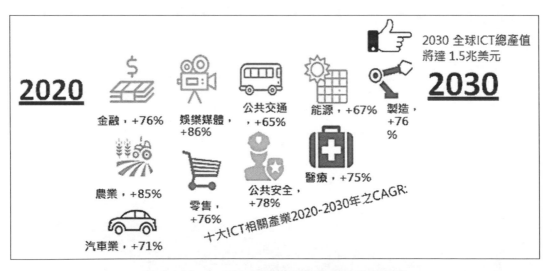

圖 34 全球十大潛力 ICT 新創相關產業
資料來源:經濟部,本研究整理

展望未來十年,十大潛力新創 ICT 產業包括:能源產業、製造業、公共安全事業、生醫(含醫療)、公共交通、媒體與娛樂產業、汽車產業、金融業、

零售業、食農產業等。而未來隨著 5G 啟用,電信營運商 ICT 技術也是其中的關鍵,提供包括:即時自動化、增強型影視服務、監視／追蹤、聯網汽車、危險／維運感測、智慧安全監控、遠距操作、自動機器人、擴增實境等應用。網路切片(Network Slicing)、網路虛擬化(NFV)、軟體定義網路(SDN)等技術將更加廣泛應用。

　　其中,可特別注意到公共交通、和汽車產業都是跟運輸載具技術有相關,因此運輸載具技術,特別是電動車產業,未來可望改變傳統汽車產業的生態,例如電動車零組件可能會出現類似個人電腦產業的發展趨勢,在此趨勢下將會為台灣業者帶來新契機,供應全球市場所需,因此台灣新創產業可掌握此機會。

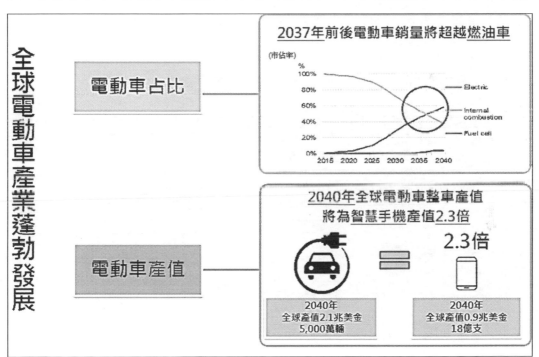

圖 35　全球創新電動車產業市場發展契機
資料來源:經濟部,本研究整理

　　以台灣企業的速度、彈性及成本等優勢,將在未來運輸載具相關產業的全球分工生態中,扮演不可或缺的角色。預期智慧運輸產業產值規模會更大,但

需要較長時間，也明顯將帶來更多的新機會。未來自駕電動車的商業模式，也可能會由過去傳統的賣車轉向朝共享經濟發展，未來用戶不用自己買車，只要跟營運公司租用即可。而台灣廠商發展目標可能是把整車系統＋零組件整套輸出，在海外市場當地找合作的廠商共創價值。

　　台灣發展自駕電動車產業的模式，主要的發展策略可成為全球自駕電動車業者的零組件及電子次系統供應商。但發展自駕電動車需要新核心技術，因此新創產業投入此領域也將面臨許多新挑戰，例如關鍵零組件＋電動自駕系統＋電子零組件＋整車系統設計……等能力。而台灣的交通環境相對複雜，發展出來的自駕電動車技術將更能滿足各種市場的不同需求。在此領域，發展智慧運具與 ICT 相關潛力應用的新創產業均是台灣新創事業的優勢。

◆**台灣新創優勢案例──智慧運具與 ICT 相關潛力產業**

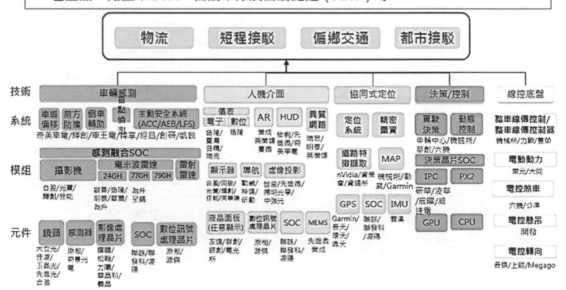

圖 36 台灣新創優勢案例──智慧運具與 ICT 相關潛力產業鏈

資料來源：經濟部，工研院，本研究整理

　　未來智慧電動車就是運具產業的數位轉型，對台灣新創來說，無疑是新的藍海，業界均認為是台灣難得擁有長期潛在優勢的產業，鴻海集團甚至成立開放平台（MIH）讓有意願合作的新創都可以藉由平台資源互相合作。台灣新創可瞄準國際智權（專利）的缺口細項來做，特別是小類別的軟硬整合很值得注意。

　　後面章節將進行這些潛力產業細部的相關新興技術專業專利探勘範例，以提供台灣新創產業與政府產業發展策略的參考。

二、新創運輸載具／ICT 相關新興技術專利探勘

運輸載具／ICT 相關的新創新興技術，近年非常熱門。後面章節將進行細部技術專利探勘分析範例。針對新創運輸載具／ICT 相關新興技術專利各三大面向，透析各國家專利權人之技術本領，了解各主要技術在各國專利權人布局之概況，勘測各國專利權人之技術發展趨勢，並探討各新創運輸載具／ICT 相關新興專利技術是否存在缺口技術方向。

以下將針對三大面向的熱門主題作探討：

（1）**零碳排放**（Zero-emissionsvehicle）：零排碳運具的相關新興技術

（2）**智慧運具**（AIvehicle）：人工智慧的交通運輸載具相關新興技術

（3）**車聯網**（V2X）：5G 時代的交通運輸載具聯網／通訊等相關新興技術

三、零排碳運具相關專利佈局分析範例

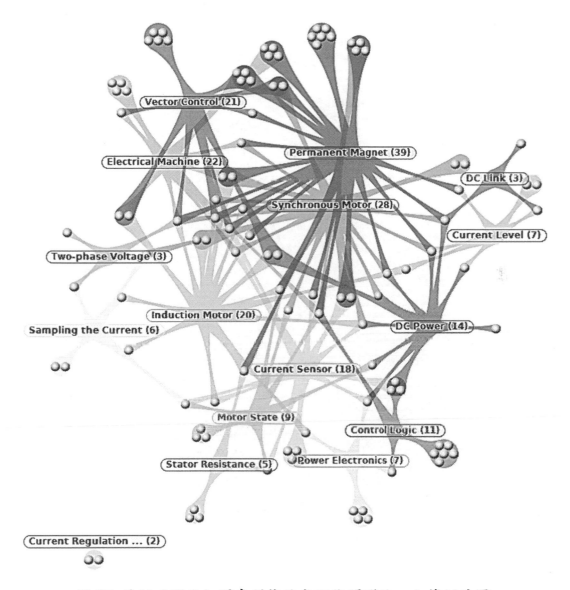

圖 37 零排碳運具相關專利佈局與可能關聯缺口之範例地圖
資料來源：本研究分析整理

由上圖範例可看出：可能關聯之缺口在 Current Sensor、Power Electronics、Vector Control……等都尚未被大量布局，因此尚屬起步階段，發展機會仍多。

接著再針對零排碳運具相關專利的國際專利權人，其研發強度作分析比較，範例如下：

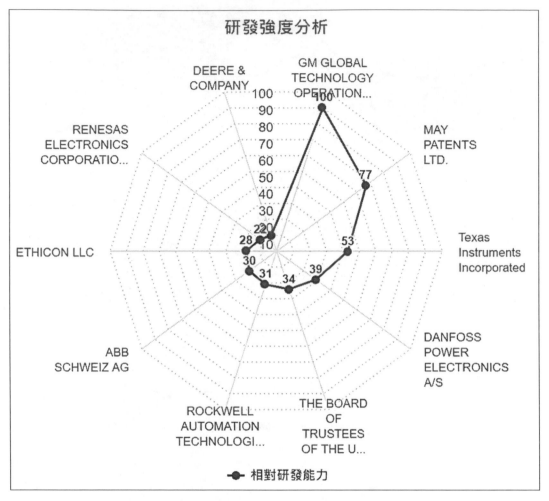

圖 38 零排碳運具相關專利權人研發強度範例
資料來源：本研究分析整理

基於前述分析知，前二十大專利權人，排名第一為 GM GLOBAL TECHNOLOGY OPERATIONS LLC.。下表列出專利所屬國法律狀態分析，細部項目之依據：

表 6 零排碳運具相關專利權人研發強度範例

專利權人	專利件數	他人引證次數	自我引證次數	發明人數	所屬國數	平均專利年齡	活動年期	相對研發能力
GM GLOBAL TECHNOLOGY OPERATIONS LLC	8	9	3	18	1	15	7	100%
MAY PATENTS LTD.	10	0	0	2	1	3	4	77%
Texas Instruments Incorporated	6	0	1	8	1	5	5	53%
DANFOSS POWER ELECTRONICS A/S	5	1	0	3	1	5	4	39%
THE BOARD OF TRUSTEES OF THE UNIVERSITY OF ALABAMA	4	0	0	5	1	3	3	34%
ROCKWELL AUTOMATION TECHNOLOGIES, INC.	4	0	1	9	1	10	4	31%
ABB SCHWEIZ AG	4	0	0	8	1	9	4	30%
ETHICON LLC	3	0	0	6	1	3	1	28%

專利權人	專利件數	他人引證次數	自我引證次數	發明人數	所屬國數	平均專利年齡	活動年期	相對研發能力
RENESAS ELECTRONICS CORPORATION	4	0	0	5	1	11	3	22%
DEERE & COMPANY	3	0	2	3	1	7	3	20%

資料來源：本研究分析整理

接著，以下再分析零排碳運具相關專利所屬國——法律狀態：

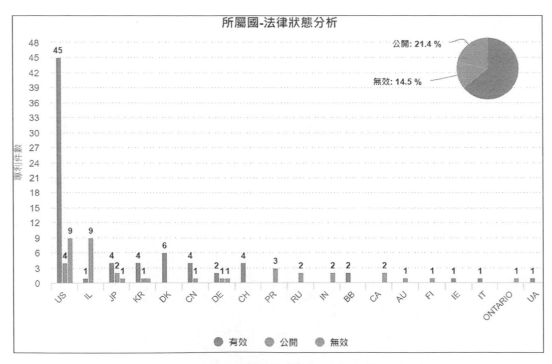

圖 39 零排碳運具專利所屬國法律狀態分析範例

資料來源：本研究分析整理

由前二十大專利所屬國法律狀態分析，得知美國、以色列、日本為前三大。

下表再針對專利所屬國法律狀態，進行細部項目分析：

表 7 零排碳運具專利所屬國法律狀態分析範例

國家	法律狀態—有效		法律狀態—公開		法律狀態—無效	
	有效	有效比率	公開	公開比率	無效	無效比率
US	45	77.6%	4	6.9%	9	15.5%
IL	1	10%	9	90%	0	0%
JP	4	57.1%	2	28.6%	1	14.3%
KR	4	66.7%	1	16.7%	1	16.7%
DK	6	100%	0	0%	0	0%
CN	4	80%	1	20%	0	0%
DE	2	50%	1	25%	1	25%
CH	4	100%	0	0%	0	0%
PR	0	0%	3	100%	0	0%
RU	0	0%	2	100%	0	0%
IN	0	0%	0	0%	2	100%
BB	2	100%	0	0%	0	0%
CA	0	0%	0	0%	2	100%

國家	法律狀態—有效		法律狀態—公開		法律狀態—無效	
	有效	有效比率	公開	公開比率	無效	無效比率
AU	0	0%	1	100%	0	0%
FI	0	0%	1	100%	0	0%
IE	1	100%	0	0%	0	0%
IT	1	100%	0	0%	0	0%
ONTARIO	0	0%	0	0%	1	100%
UA	1	100%	0	0%	0	0%

資料來源：本研究分析整理

　　以色列在此區塊的專利，新申請中的數量還不少，顯示此區塊技術在以色列屬於熱門技術。

　　以下再針對智慧化的運具相關專利，作細部探討：

四、智慧運具相關專利佈局分析範例

　　相關智慧運具專利佈局分析，在後面進行細部分析範例。係就新創智慧運具相關新興技術專利，透析各國家專利權人之技術本領，了解各主要技術在各國專利權人布局之概況，勘測各國專利權人之技術發展趨勢，並探討各新創智慧運具相關新興專利技術，是否仍存在缺口技術方向，以供新創產業發展策略之參考。

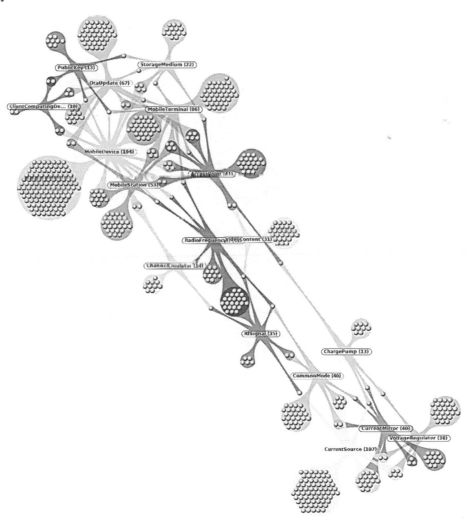

圖 40 智慧運具相關專利佈局與可能關聯缺口之範例地圖

資料來源：本研究分析整理

藉由上圖分析範例可看出：可能關聯之缺口在：

ClientComputingDevice、PublicKey、ChannelEmulator……等都尚未被大量

布局，因此這幾個區塊尚屬起步階段，新創尚有發展機會。

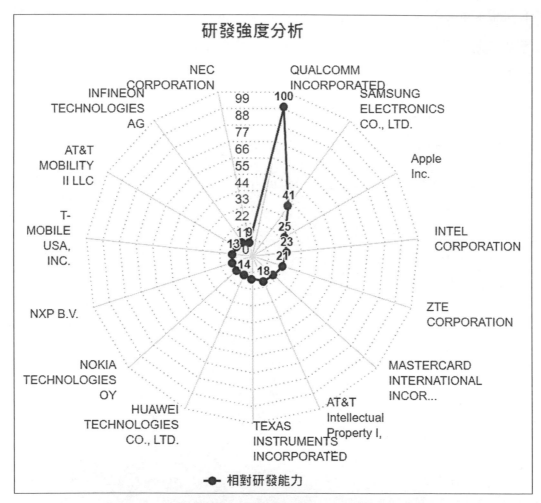

圖 41 智慧運具相關專利權人研發強度範例

資料來源：本研究分析整理

由前述前二十大專利權人分析，得知 Qualcomm、Samsung、Apple 為前三

大。下表列出專利權人研發強度分析，細部項目之依據：

表 8 智慧運具相關專利權人研發強度範例

專利權人	專利件數	他人引證次數	自我引證次數	發明人數	所屬國數	平均專利年齡	活動年期	相對研發能力
QUALCOMM INCORPORATED	92	21	42	208	1	10	18	100%
SAMSUNG ELECTRONICS CO., LTD.	42	14	2	79	1	12	19	41%
Apple Inc.	23	2	6	68	1	7	10	25%
INTEL CORPORATION	22	8	0	57	1	13	13	23%
ZTE CORPORATION	17	25	1	20	1	9	9	21%
MASTERCARD INTERNATIONAL INCORPORATED	17	11	20	21	1	10	8	19%
AT&T Intellectual Property I, L.P.	19	7	0	30	1	6	10	18%
TEXAS INSTRUMENTS INCORPORATED	16	7	0	26	1	9	9	15%
HUAWEI TECHNOLOGIES CO., LTD.	14	2	1	38	1	8	11	14%
NOKIA TECHNOLOGIES OY	14	8	6	29	1	17	7	14%

專利權人	專利件數	他人引證次數	自我引證次數	發明人數	所屬國數	平均專利年齡	活動年期	相對研發能力
NXP B.V.	16	5	0	26	2	10	10	14%
T-MOBILE USA, INC.	16	0	1	20	1	2	4	13%
AT&T MOBILITY II LLC	14	6	4	8	1	6	8	12%
INFINEON TECHNOLOGIES AG	13	0	1	25	1	12	11	11%
NEC CORPORATION	14	6	3	5	1	23	5	9%

資料來源：本研究分析整理

接著以下再分析智慧運具專利所屬國法律狀態：

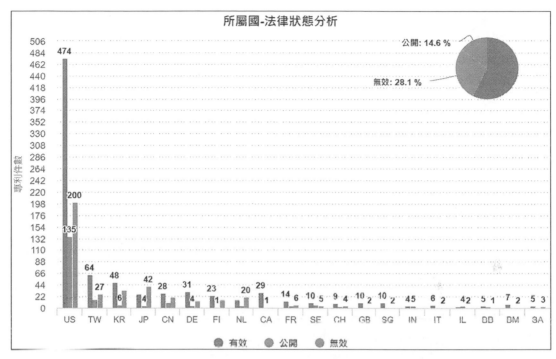

圖 42 智慧運具專利所屬國法律狀態分析範例

資料來源：本研究分析整理

由前述前二十大專利所屬國法律狀態分析，得知美國、台灣、韓國為前三大。台灣也擠進前三大，充分顯示出這部分領域，我國的競爭力：

表 9 智慧運具專利所屬國法律狀態分析範例

國家	法律狀態—有效		法律狀態—公開		法律狀態—無效	
	有效	有效比率	公開	公開比率	無效	無效比率
US	474	58.6%	135	16.7%	200	24.7%

國家	法律狀態—有效		法律狀態—公開		法律狀態—無效	
	有效	有效比率	公開	公開比率	無效	無效比率
TW	64	59.8%	16	15%	27	25.2%
KR	48	54.5%	6	6.8%	34	38.6%
JP	26	36.1%	4	5.6%	42	58.3%
CN	28	47.5%	11	18.6%	20	33.9%
DE	31	63.3%	4	8.2%	14	28.6%
FI	23	57.5%	1	2.5%	16	40%
NL	16	40%	4	10%	20	50%
CA	29	96.7%	1	3.3%	0	0%
FR	14	58.3%	4	16.7%	6	25%
SE	10	47.6%	6	28.6%	5	23.8%
CH	9	56.3%	3	18.8%	4	25%
GB	10	71.4%	2	14.3%	2	14.3%
SG	10	83.3%	0	0%	2	16.7%
IN	4	40%	5	50%	1	10%
IT	6	66.7%	1	11.1%	2	22.2%

國家	法律狀態—有效		法律狀態—公開		法律狀態—無效	
	有效	有效比率	公開	公開比率	無效	無效比率
IL	3	33.3%	4	44.4%	2	22.2%
BB	5	55.6%	3	33.3%	1	11.1%
BM	7	77.8%	0	0%	2	22.2%
SA	5	62.5%	0	0%	3	37.5%

資料來源：本研究分析整理

　　上述分析發現 Qualcomm、SAMSUNG、Apple 等國際廠商，在智慧決策及控制系統，演算法及電子控制發展專利技術頗多；且申請國方面，這些大廠也包括來到台灣（屬地）作了專利申請，顯見未來恐潛在訴訟風險。建議我國新創不宜踩進相關地雷區塊，以免日後衍生專利訴訟。

　　以下再針對 5G 時代的車用電子，另一大區塊——車聯網（V2X）進行細部分析：

五、車聯網（V2X）相關專利佈局分析範例

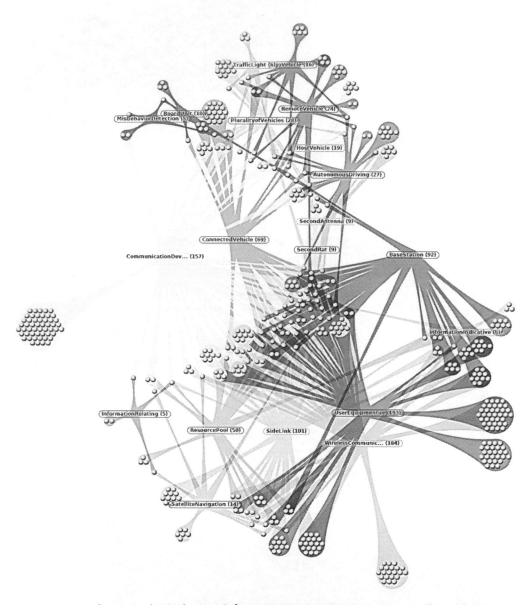

圖 43 車聯網（V2X）相關專利佈局與可能關聯缺口之範例地圖
資料來源：本研究分析整理

藉由上圖分析範例可看出：可能關聯之缺口如下：

Misbehavior Detection、Remote Vehicle、Autonomous Driving、

Information Relating……等都尚未被大量布局，因此這幾個區塊尚屬起步階段，有些發展機會。不過由此圖也可發現，這領域的專利群組關聯重疊多，競爭的戰況恐將較為激烈。

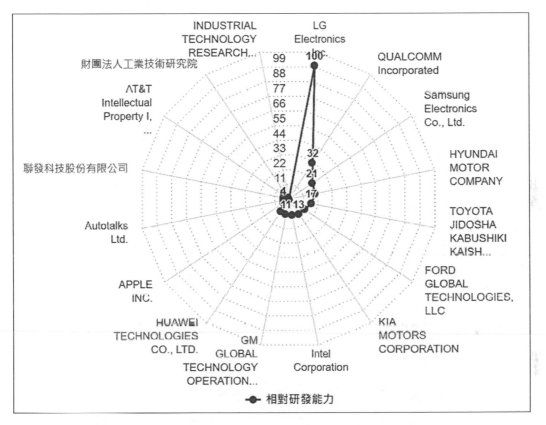

圖44 車聯網（V2X）相關專利權人研發強度分析範例
資料來源：本研究分析整理

由前二十大專利權人分析得知，國際大廠專利布局，以 LG、Qualcomm、Samsung 為前三強。而我國的工研院、聯發科等也有佈局此領域之專利。

表10 車聯網（V2X）相關專利權人研發強度分析範例

專利權人	專利件數	他人引證次數	自我引證次數	發明人數	所屬國數	平均專利年齡	活動年期	相對研發能力
LG Electronics Inc.	166	86	23	64	1	4	6	100%
QUALCOMM Incorporated	47	23	1	63	1	2	5	32%
Samsung Electronics Co., Ltd.	32	7	0	53	2	2	4	21%
HYUNDAI MOTOR COMPANY	25	25	3	46	2	4	8	20%
TOYOTA JIDOSHA KABUSHIKI KAISHA	31	3	0	26	1	3	3	17%
FORD GLOBAL TECHNOLOGIES, LLC	20	4	0	43	1	3	5	14%
KIA MOTORS CORPORATION	18	6	2	44	2	3	5	13%
Intel Corporation	14	15	0	31	1	3	5	12%
GM GLOBAL TECHNOLOGY OPERATIONS LLC	17	7	2	27	1	6	5	11%
HUAWEI TECHNOLOGIES CO., LTD.	16	2	0	37	1	2	3	11%

專利權人	專利件數	他人引證次數	自我引證次數	發明人數	所屬國數	平均專利年齡	活動年期	相對研發能力
APPLE INC.	6	6	0	11	1	3	3	5%
Autotalks Ltd.	5	7	0	7	1	3	4	4%
聯發科技股份有限公司	8	0	0	4	1	2	2	4%
AT&T Intellectual Property I, L.P.	5	2	0	10	1	2	3	3%
財團法人工業技術研究院	2	0	0	4	1	4	2	1%
INDUSTRIAL TECHNOLOGY RESEARCH INSTITUTE	1	0	0	1	1	4	1	0%

資料來源：本研究分析整理

而從所屬國──法律狀態分析，可以發現韓國專利（有效率）超越了美國，成為第一名。

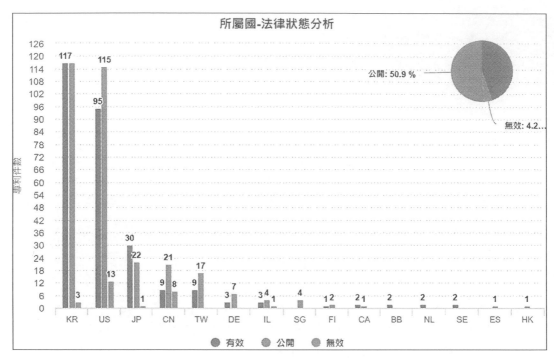

圖 45　車聯網（V2X）相關專利所屬國法律狀態分析範例

資料來源：本研究分析整理

　　下表再進行車聯網（V2X）相關專利所屬國法律狀態，細部要項之分析：

表 11　車聯網（V2X）相關專利所屬國法律狀態分析

國家	法律狀態—有效		法律狀態—公開		法律狀態—無效	
	有效	有效比率	公開	公開比率	無效	無效比率
KR	117	49.4%	117	49.4%	3	1.3%
US	95	42.6%	115	51.6%	13	5.8%

國家	法律狀態—有效		法律狀態—公開		法律狀態—無效	
	有效	有效比率	公開	公開比率	無效	無效比率
JP	30	56.6%	22	41.5%	1	1.9%
CN	9	23.7%	21	55.3%	8	21.1%
TW	9	34.6%	17	65.4%	0	0%
DE	3	30%	7	70%	0	0%
IL	3	37.5%	4	50%	1	12.5%
SG	0	0%	4	100%	0	0%
FI	1	33.3%	2	66.7%	0	0%
CA	2	66.7%	1	33.3%	0	0%
BB	2	100%	0	0%	0	0%
NL	2	100%	0	0%	0	0%
SE	2	100%	0	0%	0	0%
ES	0	0%	1	100%	0	0%
HK	0	0%	1	100%	0	0%

資料來源：本研究分析整理

基於前述分析，電動運具前二十大專利權人，由前述專利布局分析，得知 LG、Qualcomm、GM 等國際廠商，近年主力著重在車聯網、感測系統、定位系統，以及智慧決策及控制系統，其中尤以感測融合辨識技術為布局重點，顯見演算法及電子控制為大廠核心發展技術；而在影像通信／辨識／感測器等領域，台灣主要由工研院布局自駕車、車聯網辨識、車輛追蹤、障礙物偵測以及車燈號誌辨識等影像辨識領域。而雷達防撞領域台灣廠商布局數量不多，以工研院、車輛中心等之布局為主。未來可行專利布局方向，經過綜整國外專利布局及國內產業技術布局缺口，建議可針對自駕車（1）智慧決策及控制（2）感知融合以及（3）圖資定位等技術專利加強布局，提供國內新創產業參考。

（1）智慧決策及控制：早期國際廠商著重在車輛位置量測技術，而近幾年則著重在地理資訊系統技術上；顯現近年來逐漸將地理資訊系統（圖資）應用在自駕車智慧決策中，多數專利應用領域主要以市區環境為主，例如一般車輛非固定路線之市區道路環境行駛，包含人、車的混流、交叉路口、號誌燈等情境下的行為控制策略；因此，或可結合地理資訊系統，並透過雲端之訓練模型來決策輸出策略等技術領域進行布局。

（2）「感知融合 Sensor Fusion」方面：從技術內容來看，GM 等大廠在感測器融合技術之專利多採融合 Camera＋Lidar＋Radar 進行障礙物及環境偵測，且多以辨別車輛居多，而辨識號誌及環境部分較少，而 GM 及 Google 係透過統計+邏輯組合+數值分析等三種演算法來處理環境數據。由於「感知融合」技術領域的專利具有較高的新穎性及進步性，建議我國新創產業可針對台灣特有為數眾多的「機車」（因為 ASEAN 市場環境也有上億台的機車）、以及亞太東方文字的號誌、及東方環境辨識相關技術進行布局。未來即可望撒開歐美競爭對手而稱霸亞洲太平洋（包含 ASEAN 數億人口的市場）等等深具東方機車環境特色之電動汽車領域之應用。

（3）圖資定位相關技術方面：國際投入之專利權人亦逐漸增多，從生命週期圖亦可觀察此技術正處於技術成長期。主要競爭公司為韓國、日本及美國公司；尤其韓國即占了四家以上，主要應用特徵擷取技術（也可應用於吸塵機

器人用途）；而美國 Google 布局在特徵擷取、物件定位、圖資及 SLAM 技術。由這些主要大廠專利布局顯示，各家由早期以單一感測器定位，近年發展著重多感知定位融合，且多以本車資訊+SLAM 定位、特徵點配合資料庫比對以及 IMU 作布局；建議台灣相關新創產業，可朝圖資定位及 SLAM 定位優化著手專利布局。

另外，如何有效率整合自駕車要求高的感測器資訊（如 AI 晶片、LIDAR、長距雷達）、感測能力（如解析、精準、穩定的要求）、計算能力（如處理感知融合、聯網快速）等技術，是當前急待解決的課題。

此外，AI 計算平台：朝向發展高效學習模式，以及多種模式平行發展。例如：有感知決策控制整合式，有從低階往高階累增，有以學習式或教導式切入。而對於自駕車系統已可自主駕駛，乘客於車上的交通時間可充分應用，因而衍生乘客服務系統之龐大新商機，例如可提供行動辦公／商務之車聯網系統、廣告推播系統、娛樂服務等，或移動式無人商店之經營管理系統等。

六、生醫新創產業的專利佈局分析範例

　　由於生醫產業的開發時間較長且投資經費龐大,因此生醫產業仰賴獨家專利以在市場維持壟斷優勢,並維持折現率或者收取授權金的做法,是回收生醫產業創新研發投資的一種必要途徑。而也因此生醫領域特性,造成新進的生醫新創企業一旦發生了侵權事實,往往會被大廠訴訟一直到新創公司倒閉為止,因此在生醫領域的新創產業對於專利權的布局與維護,實在不可不慎。

　　以下舉一個時下最熱門的新興 Genome Sequencing 領域案例,來進行分析範例:

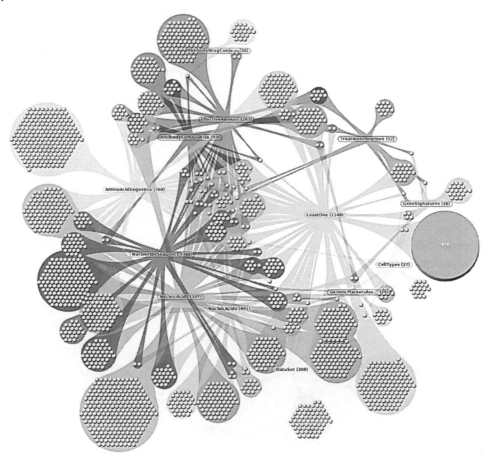

圖 46 生醫新創產業相關專利佈局與可能關聯缺口之地圖範例

資料來源:本研究分析整理

解析：

　　由上圖範例可看出：可能關聯之缺口在 Antibody Drug Conjugate，CellTypes，Genetic Markers……等尚未被大量布局，尚屬起步階段，可能有發展機會。不過由此圖也可發現，這領域的專利群組關聯重疊亦多，競爭的戰況亦恐將較為激烈。

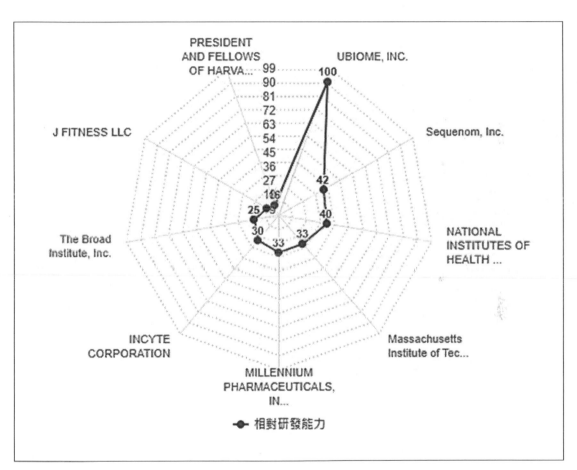

圖 47　生醫新創產業相關專利權人研發強度分析範例
資料來源：本研究分析整理

　　由專利權人研發強度分析發現 UBIOMEINC 排名第一。

表 12 生醫新創產業相關專利權人研發強度分析範例

專利權人	專利件數	他人引證次數	自我引證次數	發明人數	所屬國數	平均專利年齡	活動年期	相對研發能力
UBIOME, INC.	74	429	643	50	1	4	4	100%
Sequenom, Inc.	53	104	287	41	1	5	10	42%
NATIONAL INSTITUTES OF HEALTH (NIH), U.S. DEPT. OF HEALTH AND HUMAN SERVICES (DHHS), U.S. GOVERNMENT	92	39	17	216	1	11	20	40%
Massachusetts Institute of Technology	87	4	5	190	1	3	8	33%
MILLENNIUM PHARMACEUTICALS, INC.	109	8	3	80	1	17	14	33%
INCYTE CORPORATION	73	0	0	235	2	18	8	30%
The Broad Institute, Inc.	71	0	0	120	1	3	7	25%

專利權人	專利件數	他人引證次數	自我引證次數	發明人數	所屬國數	平均專利年齡	活動年期	相對研發能力
GUARDANT HEALTH, INC.	41	3	157	13	1	3	7	20%
J FITNESS LLC	66	5	1	5	1	9	2	18%
PRESIDENT AND FELLOWS OF HARVARD COLLEGE	45	0	1	77	1	4	10	16%

資料來源：本研究分析整理

以下繼續進行專利所屬國法律狀態分析：

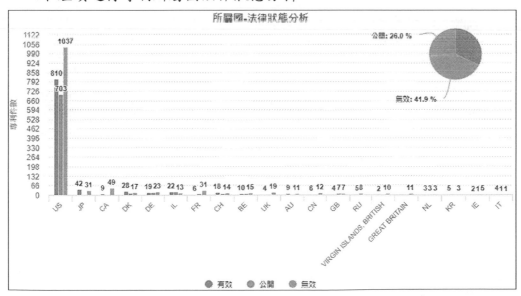

圖 48 生醫新創產業相關專利所屬國法律狀態分析範例

資料來源：本研究分析整理

由專利所屬國法律狀態分析發現，排名前三大為：美國、日本、加拿大。
下表為細部要項之分析：

表 13 生醫新創產業專利所屬國法律狀態分析

國家	法律狀態—有效		法律狀態—公開		法律狀態—無效	
	有效	有效比率	公開	公開比率	無效	無效比率
US	810	31.8%	703	27.6%	1037	40.7%
JP	42	53.8%	5	6.4%	31	39.7%
CA	9	14.5%	4	6.5%	49	79%
DK	28	47.5%	14	23.7%	17	28.8%
DE	19	32.8%	16	27.6%	23	39.7%
IL	22	39.3%	21	37.5%	13	23.2%
FR	6	13.6%	7	15.9%	31	70.5%
CH	18	41.9%	11	25.6%	14	32.6%
BE	10	29.4%	9	26.5%	15	44.1%
UK	4	17.4%	0	0%	19	82.6%
AU	9	40.9%	2	9.1%	11	50%
CN	6	30%	2	10%	12	60%

國家	法律狀態—有效		法律狀態—公開		法律狀態—無效	
	有效	有效比率	公開	公開比率	無效	無效比率
GB	4	22.2%	7	38.9%	7	38.9%
RU	5	38.5%	8	61.5%	0	0%
VIRGIN ISLANDS, BRITISH	2	15.4%	1	7.7%	10	76.9%
GREATBRITAIN	0	0%	0	0%	11	100%
NL	3	33.3%	3	33.3%	3	33.3%
KR	5	62.5%	0	0%	3	37.5%
IE	2	25%	1	12.5%	5	62.5%
IT	4	66.7%	1	16.7%	1	16.7%

資料來源：本研究分析整理

如上述，生醫領域的專利戰爭通常是爭到你死我活的。因此縝密的專利布局分析是絕對必要，尤其對於弱小的新創產業，更是非常必要的技術發展參考。

七、智慧食農新創產業的專利佈局分析範例
——值得台灣切入

由於智慧食農新創產業的開發時間不長且投資金額一般而言並不是很大，國際訴訟也不若生醫領域的戰線拉那麼長。因此智慧食農新創產業獲取專利以在市場維持壟斷優勢，並維持折現率或者收取授權金的做法，也是獲利的極佳商業模式之一。

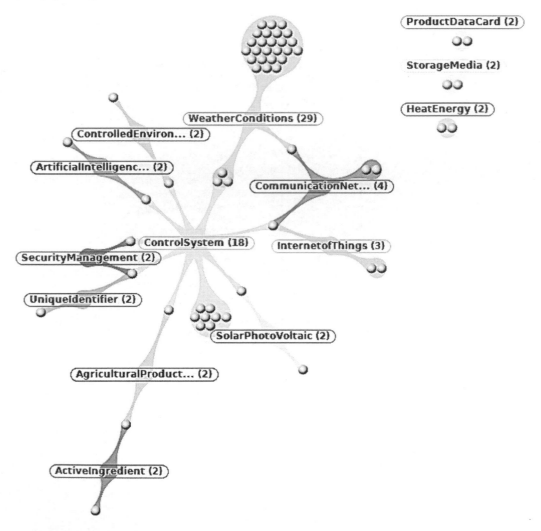

圖 49 智慧食農新創產業相關專利佈局與可能關聯缺口之範例地圖
資料來源：本研究分析整理

解析：

由上圖範例可看出：可能關聯之缺口在 CommunicationNet、AIoT、ControlledEnvironment（Prediction）、Security 等都尚未被大量布局，因此尚屬起步階段，發展機會仍多。甚至未來以 BlockChain 的智能合約來進行關鍵數據自動化供應等相關 ICT 服務都可能會出現。

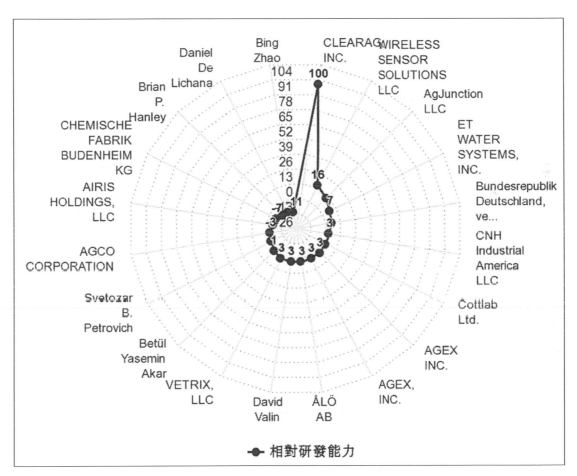

圖 50 智慧食農新創相關專利權人研發強度分析範例
資料來源：本研究分析整理

由專利權人研發強度分析發現CLEARAG,INC排名第一，而第二名WIRELESS SENSOR SOLUTIONS LLC 很明顯是一家 ICT 公司跨入食農領域應用。由此可思，台灣的 ICT 新創產業如能跨域應用，以台灣半導體／ICT 在全球的關鍵供應地

位，技術上不會輸給國際廠商。唯一要注意的就是：需及早進行正確而縝密的
專利布局分析，掌握關鍵時機卡好上位！

表 14 智慧食農新創相關專利權人研發能力數據分析範例

專利權人名稱	專利件數	活動年期	發明人數	平均專利年齡
CLEARAG, INC.	22	5	5	5
WIRELESS SENSOR SOLUTIONS LLC	4	2	6	8
Verifood, Ltd.	1	1	12	3
AgJunction LLC	2	2	5	2
ET WATER SYSTEMS, INC.	2	2	3	5
Huan-Jung Lin	1	1	4	2
I-Chang Yang	1	1	4	2
Jie-Tong Zou	1	1	4	2
Suming Chen	1	1	4	2
TLC MILLIMETER WAVE PRODUCTS, INC.	1	1	5	3
THE TRUSTEES OF THE UNIVERSITY OF PENNSYLVANIA	1	1	6	5
RxMaker, Inc.	1	1	3	2
FOSS Analytical A/S	1	1	4	3
Bundesrepublik Deutschland, vertreten durch die Bundesministerin für Wirtschaft und Energie	1	1	4	3
ESSENLIX CORPORATION	1	1	3	3
PANACEA.AG LLC.	1	1	2	2

Venkatesh B. VADLAMUDI	1	1	1	1
郝岫音	1	1	1	2
VETRIX, LLC	2	2	3	9
Parwan Electronics Corporation	1	1	1	2
Trevor Tee MCKEEMAN	1	1	1	2
CNH Industrial America LLC	1	1	1	2
Cottlab Ltd.	1	1	1	3
Douglas Howard Lundy	1	1	1	2
ÅLÖ AB	1	1	1	2
AGEX INC.	1	1	2	4
MANNA LLC	1	1	1	3
Michael C. Lorek	1	1	1	3
OPTIM CORPORATION	1	1	2	4
THE CLIMATE CORPORATION	1	1	1	4
Paul Caskey	1	1	1	4
Sabrina Akhtar	1	1	1	4
Yu Yung Choi	1	1	1	4
THOMSON REUTERS GLOBALRESOURCES UNLIMITED COMPANY	1	1	5	9
Betül Yasemin Akar	1	1	1	5
FARM-LOGIX, LLC	1	1	1	6
Gregory Walker Johnson	1	1	1	6
SENTINEL GLOBAL PRODUCT SOLUTIONS, INC.	1	1	1	6
Xu Hong	1	1	1	6
ROCONA, INC.	1	1	7	13

THE GOVERNING COUNCIL OF THEUNIVERSITY OF TORONTO	1	1	2	8
Svetozar B. Petrovich	2	2	1	13
ROSERO, CARLOS A	1	1	1	10
Robert Richard Matthews	1	1	1	9
郭忠勝	1	1	1	9
OPEN GATES BUSINESS DEVELOPMENT CORPORATION	1	1	1	10
John James Cousins, III	1	1	2	10
John Wayne Howard, Sr.	1	1	1	10
Lisa Jeanne Adkins	1	1	2	10
ENERGY, UNITED STATES DEPARTMENT OF	1	1	1	10
AGCO CORPORATION	1	1	2	10
NATIONAL SCIENCEFOUNDATION	1	1	1	11
AIRIS HOLDINGS, LLC	1	1	2	14
CHEMISCHE FABRIK BUDENHEIMKG	1	1	4	17
Michael Anthony Norton	1	1	1	15
GREENFISH AB	1	1	2	17
III HOLDINGS 2, LLC	1	1	1	15
Brian P. Hanley	1	1	1	19
Bing Zhao	1	1	1	19
Molecular Machines, Inc.	1	1	1	20

資料來源：本研究分析整理

上表的名詞定義：

活動年期：觀察各競爭專利權人在『AI Agriculture』技術領域內有專利產出之活動期，進而可得知各專利權人投入本技術產業之研發時間以及資源等。

發明人數：競爭專利權人之投入研發發明人數之分析，透過競爭專利權人在『AI Agriculture』技術研發人員投入多寡情況，用以評析該專利權人對『AI Agriculture』技術之企圖心與競爭潛力。

平均專利年齡：將各專利權年齡總和除以專利件數所得之值。以美國專利權年限 20 年為例，若分析『AI Agriculture』技術之平均專利年齡愈短，表示此專案之『AI Agriculture』技術受專利權保護時間愈長，享有較長期之技術獨占性優勢。

解析：

　　專利權人別研發能力詳細數據分析係就專利權人投入『AI Agriculture』技術發展之研發資訊解析，分析資訊包括有：各重要專利權人之專利產出件數、本案活動年期、投入之發明人數、以及各專利之平均年齡。透過此等資訊評析『AI Agriculture』技術在各競爭專利權人之競爭實力，已達知己知彼之決策效益。

接著，進行所屬國——法律狀態分析：

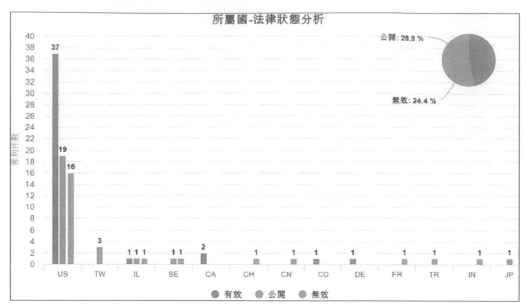

圖 51 智慧食農新創相關專利所屬國法律狀態分析範例
資料來源：本研究分析整理

由專利所屬國法律狀態分析發現，排名前三大為：美國、台灣、以色列。台灣排名第二，顯見我國在這領域確實佔有優勢。只是台灣專利權人的專利仍未獲證；顯見新創事業專利權人的智權能量若能獲得協助補強，則將會對於台灣新創產業如虎添翼！

下表進行細部要項之分析：

表 15 智慧食農新創專利所屬國法律狀態分析

國家	法律狀態—有效		法律狀態—公開		法律狀態—無效	
	有效	有效比率	公開	公開比率	無效	無效比率
US	37	51.4%	19	26.4%	16	22.2%

國家	法律狀態—有效		法律狀態—公開		法律狀態—無效	
	有效	有效比率	公開	公開比率	無效	無效比率
TW	0	0%	3	100%	0	0%
IL	1	33.3%	1	33.3%	1	33.3%
SE	0	0%	1	50%	1	50%
CA	2	100%	0	0%	0	0%
CH	0	0%	0	0%	1	100%
CN	0	0%	0	0%	1	100%
CO	1	100%	0	0%	0	0%
DE	1	100%	0	0%	0	0%
FR	0	0%	0	0%	1	100%
TR	0	0%	1	100%	0	0%
IN	0	0%	0	0%	1	100%
JP	0	0%	1	100%	0	0%

資料來源：本研究分析整理

　　由此領域的分析範例發現，專利所屬國，台灣排入前二名，僅次於美國，
而以色列則緊追在後。另由專利權人分析也發現，台灣專利權人也有入榜且排

名並不差；以下再深入探討台灣專利權人之專利技術的特徵與代表圖分析，確認是否確實為有價值的潛力技術發展方向，此細部分析程序範例，十分有價值！頗值得領域新創事業、專利權人等，作為發展策略方向之參考：

專利名稱：智慧農漁場產銷系統及其可決定品質之產銷方法		
SMART AGRICULTURE PRODUCTION-MARKETING SYSTEM AND METHODOLOGY FOR QUALITY GUARANTEE		
申請人（0）：郝岫音		
申請日： 2019 / 05 / 20	公告（開）日： 2020 / 12 / 01	
公告（開）號：202044136		
發明人（1）：郝岫音		
IPC（2）：G06Q10/06	UPC（0）：	

摘要：

一種用於農漁場之產銷方法，係可配置於一智慧農漁場產銷系統中，其針對農漁產品的供需要求進行預測，以獲取農漁產品之生產資訊，再依據對應該生產資訊之目標規範，以獲取一用以生產該農漁產品之作業管理流程及品質優化的方法，故生產者能於預定時間點生產出預定數量的農漁產品，以避免於同一時間點單一產物供大於求或供不應求之狀況，提升生產者之利潤並確保農漁產品之品質。

先前技術：

於目前農業之生產過程中，大多農夫係參考農民曆或去年市場需求進行農作，且當遇到天候因素影響農作時，農民會前往宮廟祈求上天保佑。

提升效果：克服習知技術之種種缺點，實為目前業界亟欲解決之技術問題。

應用領域：

一種產銷方法，尤指一種應用人工智慧方式之產銷方法及其智慧農漁場產銷系統。

技術特徵：

為解決前揭之問題，本發明係提供一種用於農漁場之產銷方法，係包括：以人工智慧方式預測至少一目標物的**供需狀態**，以獲取該目標物之生產資訊，其中，該生產資訊係包含效益最大化的預測結果；依據該生產資訊選擇目標規範，其中，該目標規範係為該目標物的公眾共同制定的規範；基於該生產資訊與該目標規範，以產生一用以生產該目標物之作業管理流程，其中，該作業管理流程係基於排程機制，以提供生產該目標物的指示；以及基於該作業管理流程進行分級作業，以作為信用機制，其中，該信用機制係採用**區塊鏈**或**類區塊鏈**技術之方式以產生信用度，使該信用機制基於該信用度進行該分級作業。

圖 52 智慧食農新創相關專利技術特徵與代表圖分析範例
資料來源：本研究分析整理

上述分析知發明特徵為：人工智慧預測產銷以防止農作失調。以下再細部看趨勢：

◆智慧食農新創專利數趨勢分析

【智慧食農新創專利數趨勢分析說明】

　　智慧食農新創專利數分析主要係分析『AI Agriculture』技術領域之專利件數申請／核准公告趨勢，即觀察『AI Agriculture』技術的專利件數產出數量變化，並對投入『AI Agriculture』技術之專利權人數（競爭專利權人）發展趨勢進行深入探討，作為技術發展預測之重要參考指標。包含：

1.專利數趨勢分析

2.技術生命週期分析

表 16 專利數趨勢分析表（以申請年份為主）

年份	專利權人數	專利件數
2001	2	2
2002	2	2
2003	1	1
2004	2	2
2005	0	0
2006	2	2
2007	2	2
2008	2	2
2009	1	1
2010	2	2
2011	7	6
2012	4	4
2013	2	3
2014	1	2
2015	6	20
2016	3	5
2017	8	8
2018	12	12
2019	14	11
2020	3	3

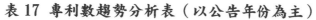

表 17 專利數趨勢分析表（以公告年份為主）

年份	專利權人數	專利件數
2002	1	1
2003	1	1
2004	2	2
2005	1	1
2006	1	1
2007	1	1
2008	0	0
2009	1	1
2010	1	1
2011	4	4
2012	4	4
2013	3	2
2014	4	4
2015	4	10
2016	3	7
2017	4	4
2018	5	7
2019	10	17
2020	19	19
2021	6	3

名詞定義：

申請年份：專利被提出申請之年份。

公告年份：專利經審查核准之公告年份。

專利權人數：表示本專利之專利權利之擁有者，多具專利權人型態。

解析：

  本表列出『AI Agriculture』技術之歷年提出申請專利之專利申請年、專利公告年、專利件數以及專利權人數之變化。經由本表可得知，本分析在 AI Agriculture 技術領域的歷年專利產出數量，以及投入本技術戰場之專利權人（競爭專利權人）發展趨勢。

◆智慧食農新創專利技術生命週期分析

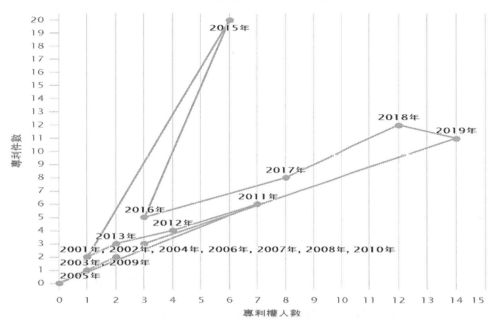

圖 53 技術生命週期分析圖（以一年為單位）申請日

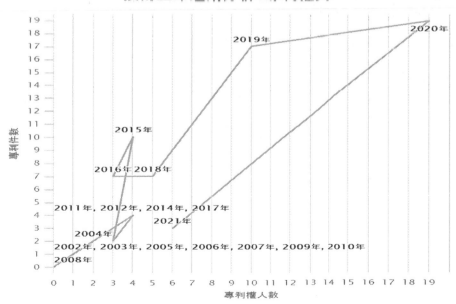

圖 54 技術生命週期分析圖（以一年為單位）公告日

縱軸：專利件數

橫軸：專利權人數

解析：

　　技術生命週期分析列出『AI Agriculture』技術，依據專利申請數量與專利申請權人數隨時間之消長，觀察『AI Agriculture』技術產業所處之技術生命週期階段，如為：技術萌芽期、成長期、成熟期或是衰退期等，預測『AI Agriculture』技術未來發展之興衰指標。本技術生命週期分析如『圖一、技術生命週期分析圖（以一年為單位）』所示。

◆智慧食農新創專利所屬國別分析

【說明】

　　所屬國別分析是對主要之競爭國家進行相關分析，其中包括有：重要所屬國專利件數分析、所屬國專利數佔有率分析、所屬國專利數趨勢分析。深入探討 AI Agriculture 技術在各國之發展狀況。

【分析功能】

1.重要所屬國專利件數分析

2.所屬國專利數佔有率分析

3.所屬國專利數趨勢分析

表 18 重要所屬國專利件數詳細數據

排名	國家	專利件數	專利權人
1	US	72	46
2	TW	3	6
3	IL	3	3
4	SE	2	2
5	CA	2	2

6	CH	1	1
7	CN	1	1
8	CO	1	1
9	DE	1	1
10	FR	1	1
11	TR	1	1
12	IN	1	1
13	JP	1	1

名詞定義：

所屬國：專利申請人之所屬國家。

專利申請人／專利權人數：該專利申請提案人／專利權所屬人數量。

解析：

　　所屬國專利分析範例係就主要投資『AI Agriculture』技術之國家進行相關分析，分析資料包括有：各重要國家、專利件數、以及各國投入之專利申請權人數。透過重要國家以其投入發展之專利權人數分析其投入『AI Agriculture』技術之主要技術發展重鎮之國家為何，如欲投入『AI Agriculture』技術發展，則重要國家專利資料庫是必為監控之標的。

◆智慧食農新創專利所屬國專利數佔率分析

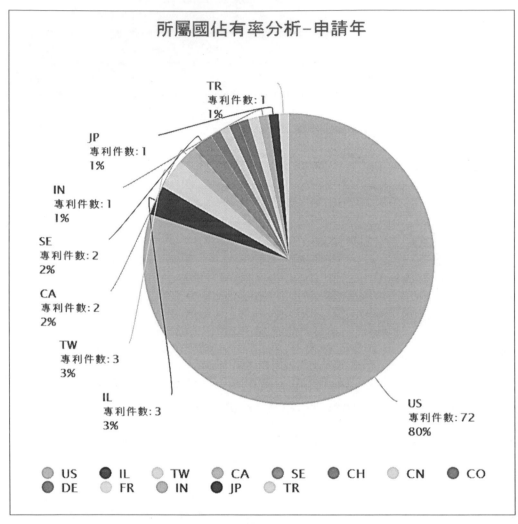

圖 55 重要國家之專利件數比較圖

解析：

　　以專利權人所屬國家爲基礎，針對目前分析的『AI Agriculture』專案，列出『AI Agriculture』技術領域內各國申請專利件數及專利權人數分佈的情形。利用所屬國專利數佔有率分析表可觀察出『AI Agriculture』技術領域內有哪些國家是專利技術發展的重要競爭國家，該等國家專利技術實力的比較及重視專利申請的程度。

◆智慧食農新創專利所屬國專利數趨勢分析

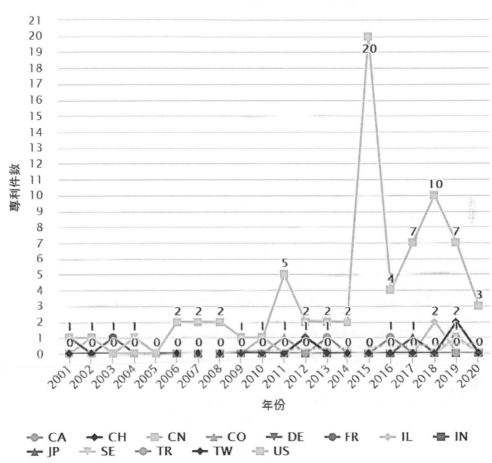

圖 56 重要國家之歷年專利件數趨勢分析圖

解析：

　　針對目前『AI Agriculture』專案，分析各國歷年專利件數產出情況。透過「所屬國專利數趨勢分析」功能，揭櫫各國在『AI Agriculture』技術領域內歷年投資情形，專利產出數量愈多表示在該年份該國家投資該技術領域資源愈多，對『AI Agriculture』技術愈重視，屬於技術領先國家。

◆智慧食農新創專利權人別專利數佔率分析

圖 57 重要專利權人之專利件數比較圖

解析：

　　以專利權人為基礎，針對目前分析的『AI Agriculture』專案，列出『AI Agriculture』技術領域內各專利權人申請專利件數分佈情形。觀察出『AI Agriculture』技術領域內有哪些專利權人是『AI Agriculture』技術發展的重要競爭專利權人。

◆專利權人別專利數趨勢分析

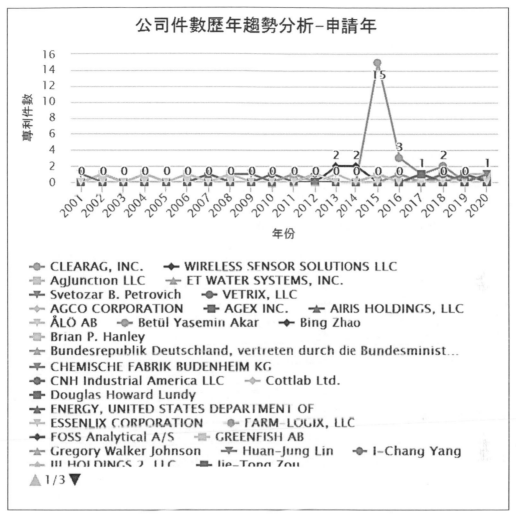

圖 58 重要專利權人之歷年專利件數活動圖

縱軸：專利件數

橫軸：年份

解析：

本重要競爭專利權人歷年專利件數分析係分析重要競爭專利權人之歷年
專利產出之趨勢，藉以掌握專利權人『AI Agriculture』技術投入之動態，深
入了解專利權人各年間之專利佈局態勢，避免誤觸技術地雷等重要情報資訊。
分析專利權人別專利數趨勢分析如圖所示。

◆智慧食農新創之重要專利權人活動分析

　　根據上述分析之『AI Agriculture』技術前十大重要專利權人，進行各年度活動表製作與分析，深入了解各專利權人之專利產出活動年，以此探究該專利權人之『AI Agriculture』技術投入概況。

表 19　專利權人別活動分析表

專利權人名稱	年份	專利號	專利名稱
AGCO CORPORATION	2011	US08948975	Agriculture combination machines for dispensing compositions
AGEX INC.	2017	US10055621	Agriculture exchange
AgJunction LLC	2019	US20200084955	USINGNON-REAL-TIME COMPUTERS FOR AGRICULTURAL GUIDANCE SYSTEMS
AgJunction LLC	2020	US20200352083	USINGSMART-PHONES AND OTHER HAND-HELD MOBILE DEVICES IN PRECISION AGRICULTURE
AIRIS HOLDINGS, LLC	2007	US07991653	Method for assembling and shipping an item in a secure environment
ÅLÖAB	2019	US20200068023	Agricultural Monitoring System and Method
Betül Yasemin Akar	2016	US20180275109	Detection of Pesticide Residues

			in Agriculture
Bing Zhao	2002	US20050138867	Multifunction altridimensional combined green building
Brian P. Hanley	2002	US06671582	Flexible agricultural automation
Bundesrepublik Deutschland, vertreten durch die Bundesministerin für Wirtschaft und Energie	2018	US20200124597	INDICATOR RELEASE SYSTEM FOR THE DETECTION OF AN ANALYTE IN A FOOD STUFF，TEST STRIP THEREFOR，AND ANALYSIS METHOD
CHEMISCHE FABRIK BUDENHEIM KG	2004	US08168225	Continuous multi microencapsulation process for improving the stability and storage life of biologically active ingredients
CLEARAG, INC.	2015	US09009087	Modeling the impact of time-varying weather conditions on unit costs of post-harvest crop drying techniques using field-level analysis and forecasts of weather conditions, facility

			metadata, and observations and user input of grain drying data
CLEARAG, INC.	2015	US09031884	Modeling of plant wetness and seed moisture for determination of desiccant application to effect a desired harvest window using field-level diagnosis and forecasting of weather conditions and observations and user input of harvest condition states
CLEARAG, INC.	2015	US09037521	Modeling of time-variant threshability due to interactions between a crop in a field and atmospheric and soil conditions for prediction of daily opportunity windows for harvest operations using field-level diagnosis and prediction of weather conditions and observations and user input of harvest condition states
CLEARAG, INC.	2015	US09076118	Harvest advisory modeling using field-level analysis of weather

			conditions, observations and user input of harvest condition states, wherein a predicted harvest condition includes an estimation of standing crop dry-down rates, and an estimation of fuel costs
CLEARAG, INC.	2015	US09087312	Modeling of costs associated with in-field and fuel-based drying of an agricultural commodity requiring sufficiently low moisture levels for stable long-term crop storage using field-level analysis and forecasting of weather conditions, grain dry-down model, facility metadata, and observations and user input of harvest condition states
CLEARAG, INC.	2015	US09140824	Diagnosis and prediction of in-field dry-down of a mature small grain, coarse grain, or oilseed crop using field-level analysis and forecasting of

			weather conditions, crop characteristics, and observations and user input of harvest condition states
CLEARAG, INC.	2015	US09201991	Risk assessment of delayed harvest operations to achieve favorable crop moisture levels using field-level diagnosis and forecasting of weather conditions and observations and user input of harvest condition states
CLEARAG, INC.	2015	US09292796	Harvest advisory modeling using field-level analysis of weather conditions and observations and user input of harvest condition states and tool for supporting management of farm operations in precision agriculture
CLEARAG, INC.	2015	US09311605	Modeling of time-variant grain moisture content for determination of preferred temporal harvest windows and estimation of income loss from harvesting an overly-dry crop

CLEARAG, INC.	2015	US09336492	Modeling of re-moistening of stored grain crop for acceptable time-of-sale moisture level and opportunity windows for operation of storage bin fans based on expected atmospheric conditions
CLEARAG, INC.	2015	US09518753	Assessment of moisture content of stored crop, and modeling usage of in-bin drying to control moisture level based on anticipated atmospheric conditions and forecast time periods of energy usage to achieve desired rate of grain moisture change through forced-air ventilation
CLEARAG, INC.	2015	US10176280	Modeling of crop growth for desired moisture content of bovine feedstuff and determination of harvest windows for corn silage using field-level diagnosis and forecasting of weather

			conditions and field observations
CLEARAG, INC.	2015	US10180998	Modeling of crop growth for desired moisture content of bovine feedstuff and determination of harvest windows for corn earlage using field-level diagnosis and forecasting of weather conditions and field observations
CLEARAG, INC.	2015	US10185790	Modeling of crop growth for desired moisture content of targeted livestock feedstuff for determination of harvest windows using field-level diagnosis and forecasting of weather conditions and observations and user input of harvest condition states
CLEARAG, INC.	2015	US10255387	Modeling of crop growth for desired moisture content of bovine feedstuff and determination of harvest windows for high-moisture corn

			using field-level diagnosis and forecasting of weather conditions and observations and user input of harvest condition states
CLEARAG, INC.	2016	US09880537	Customized land surface modeling for irrigation decision support in a crop and agronomic advisory service in precision agriculture
CLEARAG, INC.	2016	US10255390	Prediction of in-field dry-down of a mature small grain, coarse grain, or oilseed crop using field-level analysis and forecasting of weather conditions and crop characteristics including sampled moisture content
CLEARAG, INC.	2016	US10255391	Modeling of time-variant threshability due to interactions between a crop in a field and atmospheric and soil conditions for prediction of daily opportunity windows for harvest operations using

			field-level diagnosis and prediction of weather conditions and observations and recent input of harvest condition states
CLEARAG, INC.	2017	US20190050741	MODELING AND PREDICTION OF BELOW-GROUND PERFORMANCE OF AGRICULTURAL BIOLOGICAL PRODUCTS IN PRECISION AGRICULTURE
CLEARAG, INC.	2018	US10139797	Customized land surface modeling in a soil-crop system for irrigation decision support in precision agriculture
CLEARAG, INC.	2018	US20190230875	CUSTOMIZED LAND SURFACE MODELING IN A SOIL-CROP SYSTEM USING SATELLITE DATA TO DETECT IRRIGATION AND PRECIPITATION EVENTS FOR DECISION SUPPORT IN PRECISION AGRICULTURE
CLEARAG, INC.	2020	US20200257997	MODELING AND PREDICTION OF BELOW-GROUND PERFORMANCE OF AGRICULTURAL BIOLOGICAL PRODUCTS IN PRECISION AGRICULTURE

CNH Industrial America LLC	2019	US20210051943	Agricultural Vehicle Having An Improved Application Boom For Mounting Attachments
Cottlab Ltd.	2018	US20200281122	SELF-PROPELLED ROBOTIC HARVESTER FOR SELECTIVE PICKING OF HIGH QUALITY AGRICULTURE ROW CROPS
Douglas Howard Lundy	2019	US10733865	Threat detection system having cloud or local-hosted monitoring unit for communicating by broadband, cellular or wireless with remote/local internet addressable wireless detector units, their associated wireless sensors and their associated optional wireless sub-sensor devices, that blanket a venue using a broad range of wireless network arrangements and reporting non-compliant sensor data values or conditions, data value rate-of-change and/or device location and/or unit

			and/or device non-response, against predetermined thresholds, and delivering notifications to system administrators and responders, while enabling related response solutions and confirming that they have been enabled
ENERGY, UNITED STATES DEPARTMENT OF	2011	US08476016	Databases for rRNA gene profiling of microbial communities
ESSENLIX CORPORATION	2018	US20190128816	Rapid pH Measurement
ET WATER SYSTEMS, INC.	2015	US10028454	Environmental services platform
ET WATER SYSTEMS, INC.	2018	US20180317407	ENVIRONMENTAL SERVICES PLATFORM
FARM-LOGIX, LLC	2015	US20150235170	AGRICULTURE DISTRIBUTION AND MANAGEMENT SYSTEM
FOSS Analytical A/S	2018	US20200124597	INDICATOR RELEASE SYSTEM FOR THE DETECTION OF AN ANALYTE IN A FOODSTUFF, TEST STRIP THEREFOR, AND ANALYSIS METHOD

GREENFISH AB	2004	US07001519	Integrated closed loop system for industrial water purification
Gregory Walker Johnson	2015	US10481860	Solar tablet verbal
Huan-Jung Lin	2019	US20210078706	PRECISION AGRICULTURE IMPLEMENTATION METHOD BY UAV SYSTEMS AND ARTIFICIAL INTELLIGENCE IMAGE PROCESSING TECHNOLOGIES
I-Chang Yang	2019	US20210078706	PRECISION AGRICULTURE IMPLEMENTATION METHOD BY UAV SYSTEMS AND ARTIFICIAL INTELLIGENCE IMAGE PROCESSING TECHNOLOGIES
III HOLDINGS 2, LLC	2006	US07630736	Method and system for spatial data input, manipulation and distribution via an adaptive wireless transceiver
Jie-Tong Zou	2019	US20210078706	PRECISION AGRICULTURE IMPLEMENTATION METHOD BY UAV SYSTEMS AND ARTIFICIAL INTELLIGENCE IMAGE PROCESSING TECHNOLOGIES

John James Cousins, III	2011	US20130089838	Food safety and risk analyzer
John Wayne Howard, Sr.	2011	US08794341	Rain maker wildfire protection and containment system
Lisa Jeanne Adkins	2011	US20130089838	Food safety and risk analyzer
MANNA LLC	2018	US10986167	Mobile interactive kiosk method
Michael Anthony Norton	2006	US20070266141	Processing taxonomic extensions on the world wide web to implement an integrity-rich intelligence apparatus
Michael C. Lorek	2018	US20190059202	Artificial Intelligence System for In-Vivo, Real-Time Agriculture Optimization Driven by Low-Cost, Persistent Measurement of Plant-Light Interactions
Molecular Machines, Inc.	2001	US06762025	Single-molecule selection methods and compositions therefrom
NATIONAL SCIENCE FOUNDATION	2010	US20110087462	COMPACT, COMPONENTIZED HARDWARE ARCHITECTURE AND REFERENCE PLATFORM FAMILY FOR LOW-POWER, LOW-COST,

			HIGH-FIDELITY IN SITU SENSING
OPEN GATES BUSINESS DEVELOPMENT CORPORATION	2011	US20120016814	PRODUCTION OF MINIMALLY PROCESSED FOODS
OPTIM CORPORATION	2017	US20200296879	SYSTEM, METHOD AND PROGRAM FOR PROVIDING INFORMATION CORRESPONDING TO AGRICULTURAL PRODUCTION PROCESS MANAGEMENT (GAP)
PANACEA.AG LLC.	2019	US20200163286	SMART GREENHOUSE AND COMPONENTS THEREOF
Parwan Electronics Corporation	2019	US20200250425	Intelligent Color Observation System to Sustain Ideal Crop Health
Paul Caskey	2017	US20190110461	Method and apparatus for identifying, locating and scaring away birds
Robert Richard Matthews	2012	US20140178513	Non ionic/electrolyte, liquid/gaseous, mechanically refined/nanoparticle dispersion Building Materials/High Wear-Heat Resistant Part Brushes, Windings, Battery Cells, Brake

			Pads, Die Cast Molding, Refrigeration, Polarized/Integrated Optical, Spectrometric Processors, Central Processor Unit Processors, Electronic Storage Media, Analogous Series/Parallel Circuit Generators/Transceivers, Particulate Matter PM Carbonaceous-Polyamide, Crystalline Silica, and Cellulosic Filament Extraction/Miners Suit
ROCONA, INC.	2008	US08180514	Autonomous agriculture platform guidance system
ROSERO, CARLOS A	2011	US09429092	Fault detection and response techniques
RxMaker, Inc.	2019	US20200163272	Enhanced Management Zones for Precision Agriculture
Sabrina Akhtar	2017	US10728336	Integrated IoT (Internet of Things) system solution for smart agriculture management
SENTINEL GLOBAL	2015	US10180664	CO_2 generator and

PRODUCT SOLUTIONS, INC.			controller for monitoring, generating, and therby enriching CO_2 gas concentrations in the atmosphere surrounding agricultural crops, and/or horticultural and pharmaceutical plants in a controlled environment agriculture ("CEA") facility
Suming Chen	2019	US20210078706	PRECISION AGRICULTURE IMPLEMENTATION METHOD BY UAV SYSTEMS AND ARTIFICIAL INTELLIGENCE IMAGE PROCESSING TECHNOLOGIES
Svetozar B. Petrovich	2008	US20110290899	GC boundaries
Svetozar B. Petrovich	2009	US20100230508	God device genres cadres
THE CLIMATE CORPORATION	2017	US20190156255	DIGITAL MODELING OF DISEASE ON CROPS ON AGRONOMIC FIELDS
THE GOVERNING COUNCIL OF THE UNIVERSITY OF	2013	US10345240	Wireless communication device-based detection system

TORONTO			
THE TRUSTEES OF THE UNIVERSITY OF PENNSYLVANIA	2016	US10395115	Systems, devices, and methods for robotic remote sensing for precision agriculture
THOMSON REUTERS GLOBAL RESOURCES UNLIMITED COMPANY	2012	US20140058775	METHODS AND SYSTEMS FOR MANAGING SUPPLY CHAIN PROCESSES AND INTELLIGENCE
TLC MILLIMETER WAVE PRODUCTS, INC.	2018	US20190195989	MILLIMETER WAVE ADVANCED THREAT DETECTION SYSTEM NETWORK
Trevor Tee MCKEEMAN	2019	US20200090107	SYSTEM AND METHODS FOR SELECTING EQUIPMENT AND OPERATORS NECESSARY TO PROVIDE AGRICULTURAL SERVICES
Venkatesh B. VADLAMUDI	2020	US20200401996	INTEGRATED AGRICULTURE INFORMATION AND MANAGEMENT SYSTEM, AND METHODS OF USING THE SAME
Verifood，Ltd.	2018	US10641657	Spectrometry systems, methods, and applications
VETRIX，LLC	2007	US08108914	Converged logical and physical security
VETRIX，LLC	2017	US20170374105	CONVERGED LOGICAL AND PHYSICAL SECURITY

WIRELESS SENSOR SOLUTIONS LLC	2013	US09479089	Piezoelectric energy harvester device with a stopper structure, system, and methods of use and making
WIRELESS SENSOR SOLUTIONS LLC	2013	US09484522	Piezoelectric energy harvester device with curved sidewalls, system, and methods of use and making
WIRELESS SENSOR SOLUTIONS LLC	2014	US09728707	Packaged piezoelectric energy harvester device with a compliant stopper structure, system, and methods of use and making
WIRELESS SENSOR SOLUTIONS LLC	2014	US20150349667	INTERNAL VIBRATION IMPULSED BROADBAND EXCITATION ENERGY HARVESTER SYSTEMS AND METHODS
Xu Hong	2015	US20170127622	SMART CONTROL/IOT SYSTEM FOR AGRICULTURE ENVIRONMENT CONTROL
Yu Yung Choi	2017	US20170206532	SYSTEM AND METHOD FOR STREAMLINED REGISTRATION AND MANAGEMENT OF PRODUCTS OVER A COMMUNICATION NETWORK RELATED THERETO

郝岫音	2019	TW202044136	智慧農漁場產銷系統及其可決定品質之產銷方法
郭忠勝	2012	TW201423004	農業用太陽能熱電整合系統

解析：

　　專利權人活動分析，係揭示指定專利權人就『AI Agriculture』技術分析主題，在歷年內專利申請／公開的情況，並能揭露該專利權人申請專利的明細，幫助分析者能監控競爭專利權人的活動狀況與方便查明相關內容。

◆智慧食農新創專利權人別相互引證次數分析

　　專利權人相互引證次數可看出各專利權人之間，相互引證的關係。係利用專利交互引用關係，進行交叉分析形成的圖表，可看出指定專利權人之間專利相互引用的狀況。如一家專利權人的專利被引用次數越多，表示該專利權人在『AI Agriculture』技術領域內技術居於領導地位的可能性越高，但各專利權人之間的從屬關係乃屬於相對性的，若有另一家專利權人引用該領導專利權人的專利次數少，但卻被該領導專利權人引用較多次專利，則此領導地位的專利權人，對該專利權人而言，反而是屬於從屬的專利權人，受該專利權人的限制較大。

表 20 專利權人別引證率分析表

編號	申請人	自我引證次數	他人引證次數	總引證	被專利引證次數	引證他人次數	技術獨立性	引證率
1	CLEARAG, INC.	10	0	10	3	10	1	0.454
2	WIRELESS SENSOR SOLUTIONS LLC	1	0	1	1	1	1	0.25
3	VETRIX, LLC	0	0	0	0	0	0	0
4	ET WATER SYSTEMS, INC.	0	0	0	0	0	0	0
5	AgJunction LLC	0	0	0	0	0	0	0
6	Svetozar B. Petrovich	0	0	0	0	0	0	0
7	Brian P. Hanley	0	1	1	1	0	0	1
平均		0.183	0.016	0.2	0.083	0.2	0.033	0.028

名詞定義：

引證率：分析『AI Agriculture』技術內之專利權人專利被引用的總次數，除
以該專利權人之專利件數的比值。

引證率值表示專利權人之專利每一件產出平均被引用之次數，作以衡量各競爭
專利權人之專利產出之品質。引證率愈高的專利權人，表示該專利權人產出之

專利平均被引用次數愈多，顯示專利品質愈高。一般評量先進專利權人之技術研發能力除可依專利數量多寡衡量外，引證率也是技術能力重要參考指標。利用引證率衡量專利權人之技術研發能力是屬於「質」的衡量指標，而專利產出數量則是「量」的衡量指標。

技術獨立性：分析『AI Agriculture』技術內之專利權人引用自己專利的次數，除以其總共被引用之次數（含自我引用次數及被別人引用次數）之比值。

技術獨立性表示專利權人之技術研發內容與其他競爭專利權人之技術的差異性。換言之，技術獨立性值愈高，表示該專利權人所研發之技術獨特性較高，其研發路線較為獨立，同業間較少有專利權人跟隨其技術研發，可謂之獨門技術。技術獨立性值愈低者，表示該專利權人之技術研發路線較為標準，與其他競爭專利權人研發之技術內容相似程度較高，亦較有技術侵權之可能性。

解析：

引證率分析表包含引證率、技術獨立性。透過引證率的分析，可觀察出競爭專利權人所發展的『AI Agriculture』技術是具獨立性還是產業上的標準技術等資訊，幫助企業更深入瞭解對手在技術研發實力與發展方向等重要參考依據。

◆智慧食農新創專利發明人分析

【發明人分析說明】

發明人分析係針對『AI Agriculture』專案領域內具專利產出之各發明人進行相關之分析，主要就各發明人之專利產出件數以及就任之專利權人資訊與歷年研發專利產出之情形等分析。由本分析內容中，可提供『AI Agriculture』專案技術領域內誰是發明大王、誰是具潛力的新星以及該發明人任職單位之詳細紀錄等重要發明人資訊。

【分析細目】

1.發明人之相關資料分析

2.發明人專利數佔有率分析

3.發明人歷年專利數活動分析

表 21 發明人之相關資料分析

發明人	所屬專利權人	專利件數
JOHN J. MEWES	CLEARAG, INC.	22
Dustin M. Salentiny	CLEARAG, INC.	17
Robert C. Hale	CLEARAG, INC.	5
Dane T. Kuper	CLEARAG, INC.	4
Dustin C. Balsley	CLEARAG, INC.	4
Huan-Jung Lin	Huan-Jung Lin	1
	I-Chang Yang	1
	Jie-Tong Zou	1
	Suming Chen	1
I-ChangYang	Huan-Jung Lin	1
	I-Chang Yang	1
	Jie-Tong Zou	1
	Suming Chen	1
Kathleen M. Vaeth	WIRELESS SENSOR SOLUTIONS LLC	4

KathleenM.Vaeth	WIRELESS SENSOR SOLUTIONS LLC	3
David Trauernicht	WIRELESS SENSOR SOLUTIONS LLC	2
Edwin Waldemar Veelo	ET WATER SYSTEMS, INC.	2
Elizabeth J. Pierce	VETRIX, LLC	2
Gregory Reith	VETRIX, LLC	2
Jared Wright	AGEX INC.	1
	AGEX INC.	1
Kyle Prodromou Schien	ET WATER SYSTEMS, INC.	2
Lee M. Williams	ET WATER SYSTEMS, INC.	2
Mark Alan VILLELA	AgJunction LLC	2
Melani S. Hernoud	VETRIX, LLC	2
Svetozar B. Petrovich	Svetozar B. Petrovich	2
Wendel Denman Thuss	AGEX INC.	1
	AGEX, INC.	1
Hank WILDE	PANACEA.AG LLC.	1
Ray Wang	III HOLDINGS 2, LLC	1
Warren Che Wor Chan	THE GOVERNING COUNCIL OF THE UNIVERSITY OF TORONTO	1

Wei DING	ESSENLIX CORPORATION	1
Xu Hong	Xu Hong	1
Yan Chong Yaw	THOMSON REUTERS GLOBAL RESOURCES UNLIMITED COMPANY	1
Yu Yung Choi	Yu Yung Choi	1
Yuecheng ZHANG	ESSENLIX CORPORATION	1
郝岫音	郝岫音	1
郭忠勝	郭忠勝	1

解析：

　　本發明人分析之分析資料包括有：發明人、發明人之所屬專利權人、以及發明人之專利申請量。透過發明人之分析不僅可以掌握本產業之發明大王等情報外，亦能藉由此等資訊作為日後監控『AI Agriculture』技術發展之重要依據，亦即，掌握重要發明人動態及資訊，即能觀測各技術之產出趨勢外，對於該發明人所任職專利權人技術發展動態，更是重要情報訊息。

◆智慧食農新創專利發明人專利數佔率分析

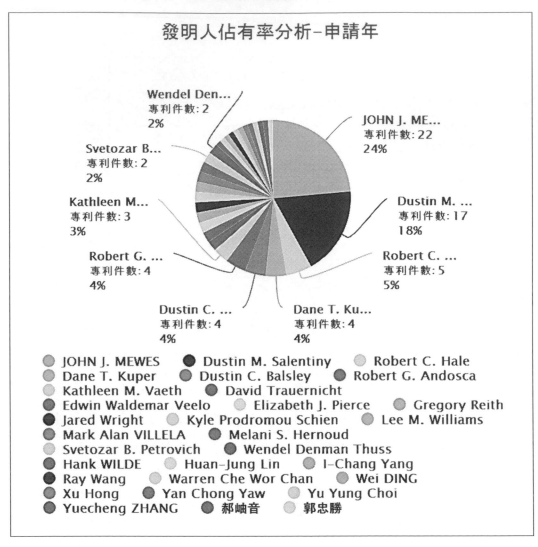

圖 59 重要發明人之專利件數比較圖

解析:

　　以發明人為基礎,針對目前分析的『AI Agriculture』技術,列出『AI Agriculture』技術領域內各發明人申請專利件數分佈情形。觀察出『AI Agriculture』技術領域內有哪些發明人是『AI Agriculture』技術發展的重要人物。

◆智慧食農新創專利發明人歷年專利數活動分析

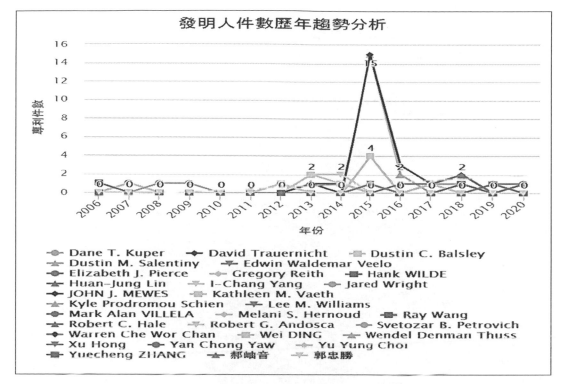

圖60 重要發明人之歷年專利件數活動圖

縱軸：專利件數

橫軸：年份

解析：

　　本發明人歷年專利數活動分析係就重要發明人之專利產出依其專利申請年進行分析，以觀察『AI Agriculture』技術之發明新秀，或是退出『AI Agriculture』技術之發明人等情報，作為『AI Agriculture』技術監測或是挖掘技術專家等策略應用資訊。

◆智慧食農新創專利審查委員專利數分

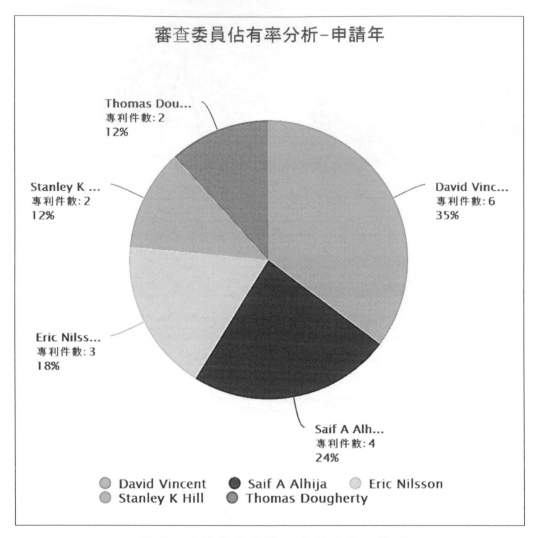

審查委員佔有率分析-申請年

Thomas Dou...
專利件數:2
12%

David Vinc...
專利件數:6
35%

Stanley K ...
專利件數:2
12%

Eric Nilss...
專利件數:3
18%

Saif A Alh...
專利件數:4
24%

○ David Vincent ● Saif A Alhija ○ Eric Nilsson
○ Stanley K Hill ● Thomas Dougherty

圖 61 重要審查委員之專利件數比較圖

解析：

　　以審查委員為基礎，針對目前『AI Agriculture』技術，列出『AI Agriculture』技術領域內各審查委員查核專利件數分佈情形。觀察出『AI Agriculture』技術領域內有哪些審查委員是『AI Agriculture』技術發展的重要人物。主要就各審查委員之專利審核件數以及歷年查核之研發專利通過之情形等分析。

◆智慧食農新創專利審查委員歷年專利數分析

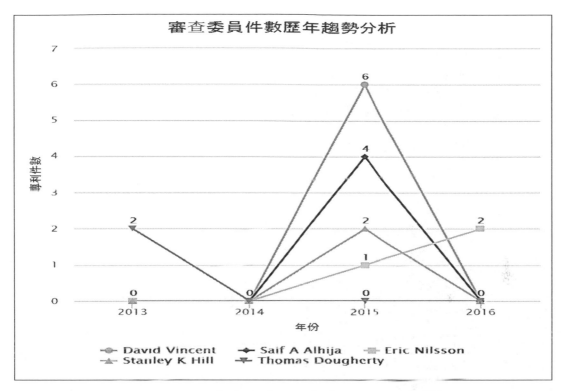

圖 62 重要審查委員之歷年專利件數活動圖

縱軸：專利件數

橫軸：年份

解析：

　　本審查委員歷年專利數活動分析係就重要審查委員之專利查核產出依其專利申請年進行分析，以觀察『AI Agriculture』技術之重要性，作為『AI Agriculture』技術監測等策略應用資訊。

◆智慧食農新創專利引證數據分析

表 22 專利引證數據分析

編號	專利號	專案內引證次數			
		總引證	自我引證	引證他人專利號	專利引證
1	US09076118	3	3	0	3
2	US09728707	1	1	0	1
3	US09518753	1	1	0	1
4	US09087312	1	1	0	1
5	US09201991	1	1	0	1
6	US09009087	1	1	0	1
7	US09140824	1	1	0	1
8	US09037521	1	1	0	1
9	US06671582	1	0	1	1
10	US09031884	1	1	0	1

解析：

　　針對『AI Agriculture』技術被引證次數最高者，讓分析者對於專案內較具影響性的專利容易掌握且方便深入分析，俾利觀察出『AI Agriculture』技術內哪些專利為先鋒專利，哪些專利最具威脅性等重要參考資訊。

　　引證率分析係對『AI Agriculture』之專利資料彼此間引用之次數等相關資訊進行分析。用以發覺『AI Agriculture』技術內之重要／基礎專利，並針對該等專利被引證之次數、引證該專利之專利權人、引用專利等資訊進行揭櫫，讓『AI Agriculture』技術領域內之重要／基礎專利而更能夠掌握之。

◆智慧食農新創專利 IPC 分析

【IPC 分析說明】

　　IPC 分析係對『AI Agriculture』技術之 IPC 技術進行相關分析，分析目的不僅讓使用者能快速掌握『AI Agriculture』之相關技術外，更可利用 IPC 技術分類，探討各國家或是各競爭專利權人所研發之『AIAgriculture』技術方向，與預測何種技術方法是未來市場潮流或是何種技術已經瀕臨末期等重要技術分析。

【分析功能】

1.IPC 專利分析範例

2.IPC 專利趨勢分析

3.國家：IPC 專利數分析

4.專利權人：IPC 專利數分析

　以下分述之。

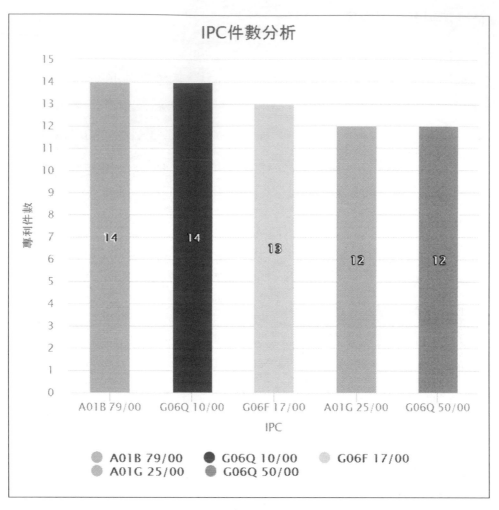

圖 63 IPC 專利分類分析圖

縱軸：專利件數

橫軸：IPC 分類號

解析：

IPC 專利分析範例係就主要投資『AI Agriculture』技術領域進行分析，以 IPC 之分類作為分析基礎，揭示『AI Agriculture』之技術分類項目。就其所屬之各項 IPC 技術分類，讓分析者更了解其分析之專案主題『AI Agriculture』內主要之應用技術，充分掌握重要技術項目之分佈概況。掌握『AI Agriculture』技術發展，同時，亦能提供於專利資料正確性相輔之功效。

◆智慧食農新創專利 IPC 趨勢分析

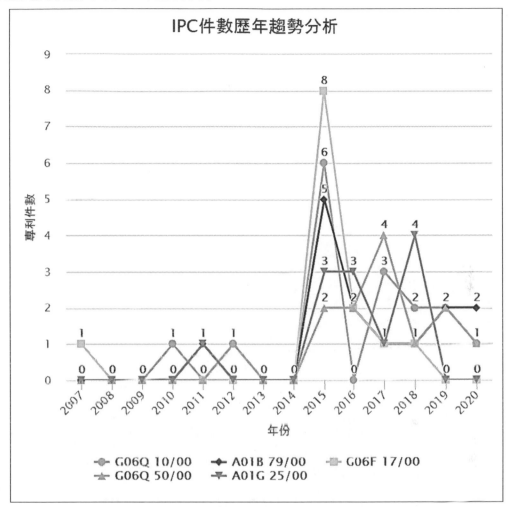

圖 64 IPC 重要專利技術歷年趨勢分析圖

縱軸：專利件數

橫軸：年份

解析：

　　IPC 專利趨勢分析係主要『AI Agriculture』投入技術領域進行時間點分析，透過時間區間之觀察，分析『AI Agriculture』技術投資之消長，觀測整體『AI Agriculture』技術發展動向，可作為分析人員檢索資料準確性判別依據外，更能提供決策者進行技術投資之技術參考價值。

◆智慧食農新創專利國家：IPC 專利數分析

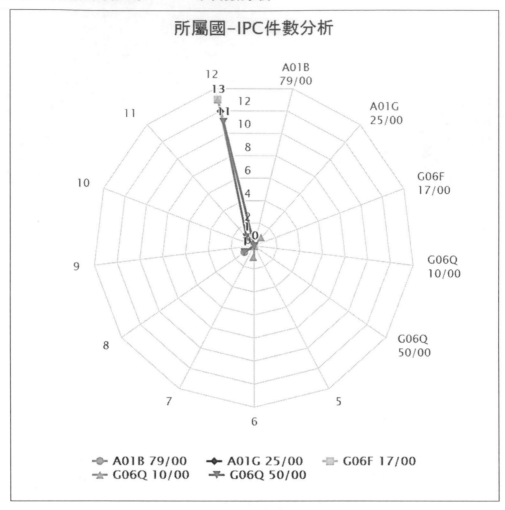

圖 65 IPC 競爭國家專利件數圖

縱軸：專利件數

橫軸：IPC 分類號

解析：

　　本分析係就主要技術開發國家投資技術領域進行差別化分析，揭示『AI Agriculture』之競爭國家間 IPC 技術分類之比較分析，透析各國家間之『AI Agriculture』技術本領，了解主要 IPC 技術在各國應用之概況，勘測各國之技術發展趨勢，探討各國發展『AI Agriculture』技術是否為主流技術方向。

◆智慧食農新創專利權人：IPC 專利數分析

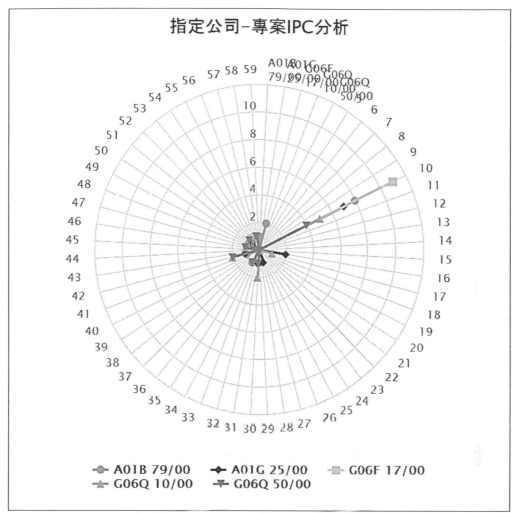

圖 66 IPC 競爭專利權人專利件數圖

縱軸：專利件數

橫軸：IPC 分類號

解析：

　　本分析係就主要競爭專利權人投資技術域進行差別化分析，透析各競爭專利權人之技術本領，勘測各競爭專利權人之技術發展策略，藉由分析各競爭專利權人之『AI Agriculture』技術發展投資，提供企業內部之專利佈局政策參考，創造最大化之企業競爭實力。

◆智慧食農新創專利 UPC 分析

【UPC 分析說明】

以一階分析，取重要之 UPC 技術分類爲作爲解析之標的。分析目的不僅讓使用者更能快速掌握本專案之相關技術外，更可利用 UPC 技術分類，探討各國家或是各競爭專利權人所研發之『AI Agriculture』技術方向，與預測何種技術方法是未來市場潮流或是何種技術已經瀕臨末期等重要技術分析。

【分析功能】

1.UPC 專利分析範例

2.UPC 專利趨勢分析

3.國家：UPC 專利數分析

4.專利權人：UPC 專利數分析

以下分述之。

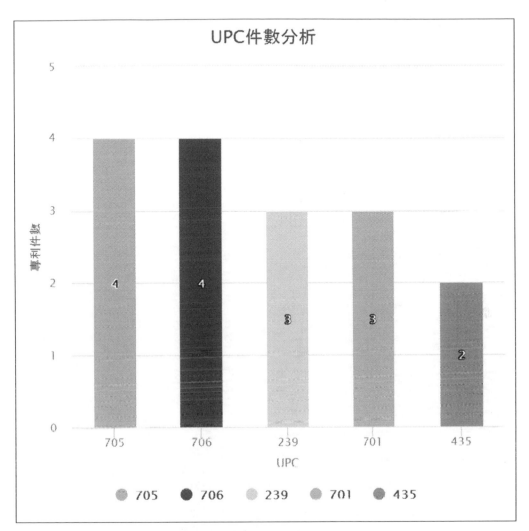

圖 67 UPC 專利分類分析圖

縱軸：專利件數

橫軸：UPC 分類號

解析：

　　UPC 專利分析範例係就主要投資『AI Agriculture』技術領域進行分析，以 UPC 之分類作為分析基礎。讓分析者更了解『AI Agriculture』內主要之應用技術，充分掌握重要技術項目之分佈概況，就其所屬之各項 UPC 技術分類，掌握『AI Agriculture』技術發展，同時，亦能提供於專利資料正確性相輔之功效。

◆智慧食農新創專利 UPC 趨勢分析

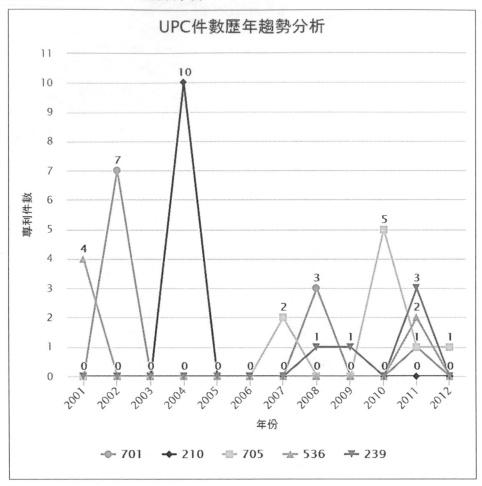

圖 68 UPC 重要專利技術歷年趨勢分析圖

縱軸：專利件數

橫軸：年份

解析：

　　本 UPC 重要專利技術歷年趨勢分析係就『AI Agriculture』技術主要投入技術領域進行時間點分析，透過時間區間之觀察，分析『AI Agriculture』技術投資之消長，觀測整體『AI Agriculture』技術發展動向，充分掌握技術資訊。可作為分析人員檢索資料準確性判別依據外，更能提供決策者進行技術投資之技術參考價值。

◆智慧食農新創專利國家：UPC 專利數分析

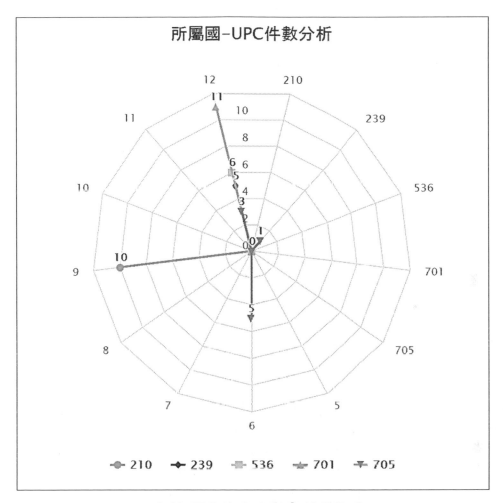

圖 69 UPC 競爭國家專利件數圖

縱軸：專利件數

橫軸：UPC 分類號

解析：

　　本分析係就主要技術開發國家投資技術領域進行差別化分析，探討主要之
UPC 技術分類在各主要競爭國家發展差異性，以了解主要 UPC 技術在各國應用
之概況，亦即，探討各專利權人所申請專利之國家發展『AI Agriculture』技
術是否屬於主流技術方向。

◆智慧食農新創專利權人：UPC 專利數分析

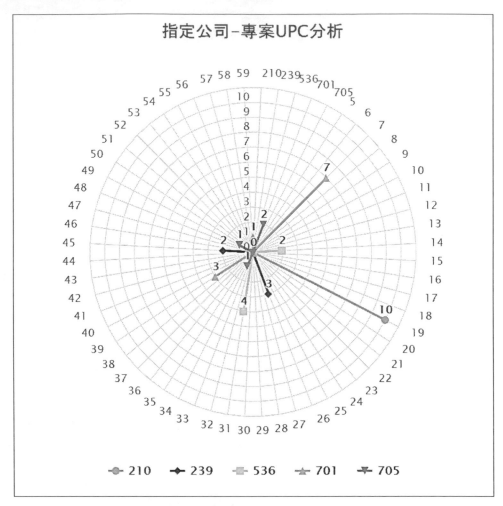

圖 70 UPC 競爭專利權人專利件數圖

縱軸：專利件數

橫軸：UPC 分類號

解析：

　　本 UPC 競爭專利權人專利件數分析係就主要競爭專利權人投資技術領域進行差別化分析，透析各競爭專利權人之技術本領，勘測各競爭專利權人之技術發展策略，藉由分析各競爭專利權人之『AI Agriculture』技術發展投資，提供企業內部之專利佈局政策依據，創造最大化之新創企業競爭力。

◆智慧食農新創專利CPC分析

【CPC分析說明】

以一階分析，取重要之CPC技術分類爲作爲解析之標的。分析目的不僅讓使用者更能快速掌握本專案之相關技術外，更可利用CPC技術分類，探討各國家或是各競爭專利權人所研發之『AI Agriculture』技術方向，與預測何種技術方法是未來市場潮流或是何種技術已經瀕臨末期等重要技術分析。

【分析功能】

1.CPC專利分析範例

2.CPC專利趨勢分析

3.國家：CPC專利數分析

4.專利權人：CPC專利數分析

以下分述之。

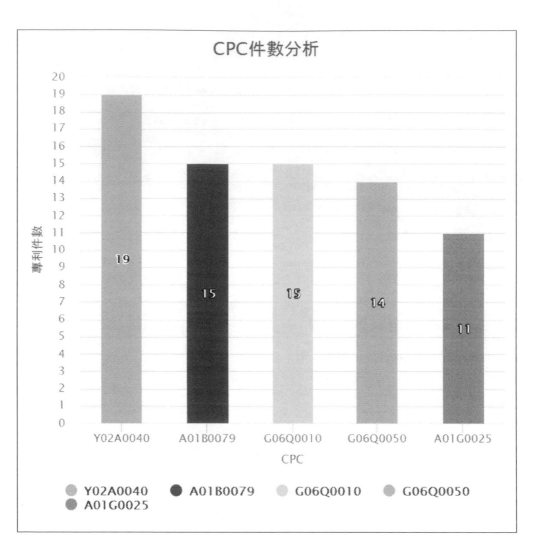

圖 71 CPC 專利分類分析圖

縱軸：專利件數

橫軸：CPC 分類號

解析：

　　CPC 專利分析範例係就主要投資『AI Agriculture』技術領域進行分析，以 CPC 之分類作為分析基礎。讓分析者更了解『AI Agriculture』內主要之應用技術，充分掌握重要技術項目之分佈概況，就其所屬之各項 CPC 技術分類，掌握『AI Agriculture』技術發展，同時，亦能提供於專利資料正確性相輔之功效。

◆智慧食農新創專利 CPC 趨勢分析

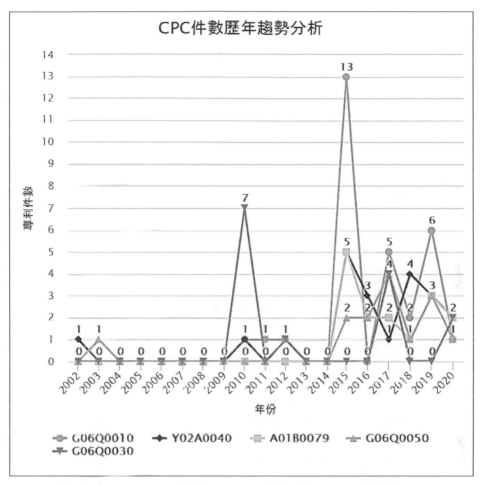

圖 72 CPC 重要專利技術歷年趨勢分析圖

縱軸：專利件數

橫軸：年份

解析：

　　本 CPC 重要專利技術歷年趨勢分析係就『AI Agriculture』技術主要投入技術領域進行時間點分析，透過時間區間之觀察，分析『AI Agriculture』技術投資之消長，觀測整體『AI Agriculture』技術發展動向，充分掌握技術資訊。可作爲分析人員檢索資料準確性判別依據外，更能提供決策者進行技術投資之技術參考價值。

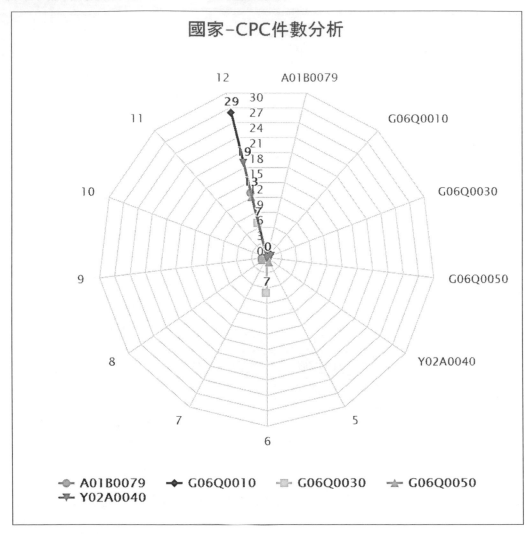

國家-CPC件數分析

圖 73 CPC 競爭國家專利件數圖

縱軸：專利件數

橫軸：CPC 分類號

解析：

　　本分析係就主要技術開發國家投資技術領域進行差別化分析，探討主要之
CPC 技術分類在各主要競爭國家發展差異性，以了解主要 CPC 技術在各國應用
之概況，亦即，探討各國發展『AI Agriculture』技術是否為主流技術方向。

◆智慧食農新創專利權人：CPC 專利數分析

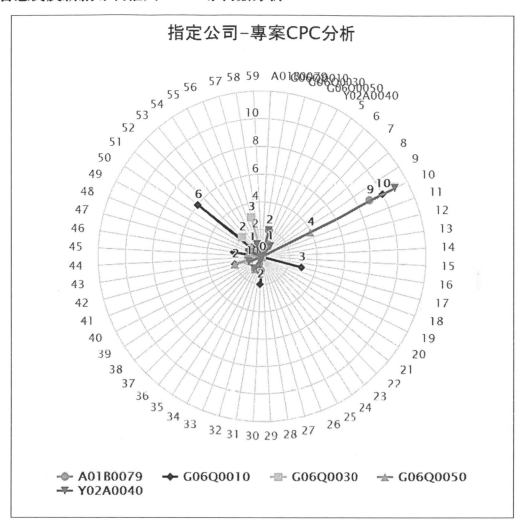

圖 74 CPC 競爭專利權人專利件數圖

縱軸：專利件數

橫軸：CPC 分類號

解析：

　　本 CPC 競爭專利權人專利件數分析係就主要競爭專利權人投資技術領域進行差別化分析，透析各競爭專利權人之技術本領，勘測各競爭專利權人之技術發展策略，藉由分析各競爭專利權人之『AI Agriculture』技術發展投資，提供企業內部之專利佈局政策，創造企業競爭力。

捌、

台灣創新創業相關輔助單位之角色與功能

一、台灣創新創業相關輔育單位之輔導重點群聚分佈

　　台灣的創育網絡歷經 20 餘年的發展，已經十分成熟，不僅能提供從 0 到 1 的創業育成服務、協助對接資金，還能夠提供特色化創育輔導，包括國際創育、技術創業、在地創生與商圈經營等等，更有效的串連學校、新創與（大型）企業，形成強健的創新育成生態圈。

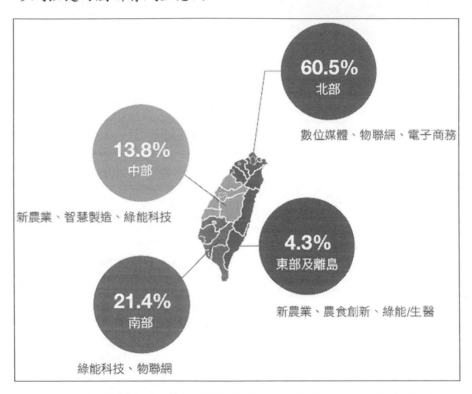

圖 75 台灣創新創業相關輔育單位之輔導重點群聚分佈地圖
資料來源：經濟部中小企業處，台灣經濟研究院，PWC 資誠

從北到南，相關輔育單位之輔導重點群聚分佈已經儼然形成：

北部（60.5%）：重點群聚多為：數位媒體、物聯網、電商……等等

中部（13.8%）＋東部及離島（4.3%）：重點群聚：食農、製造、綠能／生醫……等等

　　南部（21.4%）：重點群聚多為：綠能、物聯網、智慧車……等等

二、台灣創新創業相關輔育單位之功能類型

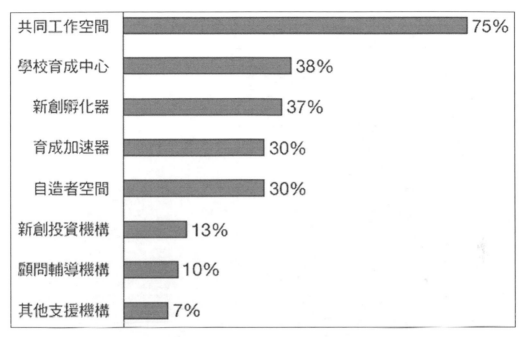

圖 76 台灣創新創業相關輔育單位之功能類型
資料來源：經濟部中小企業處，PWC 資誠，台灣經濟研究院

　　台灣創育體系不僅與時俱進、更引領潮流，以國際創育、技術創業與在地企業創新等特色化發展，透過更爲專業且細緻化的手法協助台灣新創走得更長、更穩且更遠。

　　台灣創新創業相關輔育單位之角色功能類別大致形成了：

　　（1）共同工作空間：約有 75%

　　（2）學校育成：約有 38%

　　（3）新創孵化器／育成加速器／自造空間：三者差不多，約有 30～37%

　　（4）新創投資／顧問輔導／支援機構的角色：約 7～13%

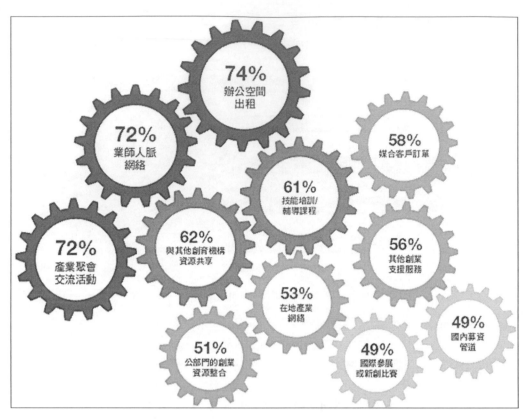

圖 77 台灣創新創業相關創育組織有提供服務之類型
資料來源：PWC 資誠，台灣經濟研究院，經濟部中小企業處

　　同時，台灣的創新創業相關創育組織，也已演變成以多元生態協助與強化台灣創新創業能量，廣泛支援包含女力創業、身障創業……等等。
而各創育網絡／組織有提供服務之類型，包括：
～70%以上都有提供：空間出租、業師人脈網絡、產業聚會交流活動
～60%都有技能培訓／輔導課程／與其它創育組織分享／媒合客戶……等等
～50%都有協助在地或公部門資源整合，及協助參展／比賽或募資……等等
　　此外，台灣的創新創業相關創育組織的角色，也逐漸從單純的育成中心，進展成為創育網絡，完整所有新創過程所需要的各式服務，皆有相對應的客製化方案可以提供協助。

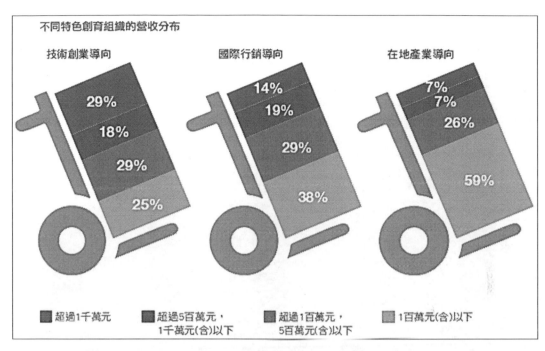

圖 78 台灣三大類創新創業相關輔育單位之營收分佈
資料來源：經濟部中小企業處，台灣經濟研究院，PWC 資誠

　　經濟部中小企業處自 1997 年推動公民營機構育成中心後，參考美國矽谷的加速器模式引進創業育成模式，以業師陪伴、創投天使資金挹注與國際市場鏈結等方式加速育成機制，截至 2020 年 12 月，累計培育的新創與中小企業家數達 18,374 家（有 121 家培育企業已上市／櫃）。而累計誘發的投資金額超過新台幣 1,715 億元、協助新創與中小企業取得專利與技術移轉達 6,809 件、維持與創造就業人數高達 34.6 萬人，並帶動了多個產業聚落成形。

　　而台灣的創新創業相關輔育單位，逐漸可歸納為三大類，營收由高至低分別為：

　　（1）技術創業導向類型：約～50%達約 500 萬～千萬營收

　　（2）國際行銷導向類型：約～50%達約 500 萬營收

　　（3）在地產業導向類型：約～60%達約 100 萬營收

三、台灣創新創業相關輔育單位輔導階段與輔導能量

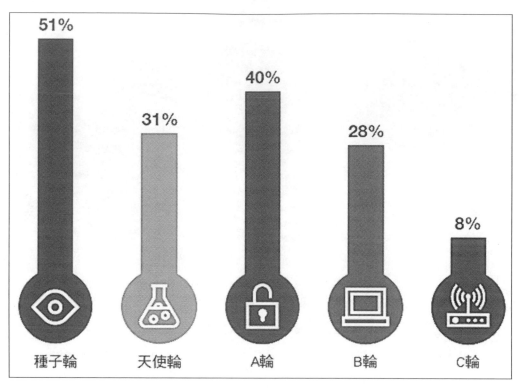

圖 79 台灣創新創業相關輔育單位進行輔導或投資之團隊募資階段
資料來源：經濟部中小企業處，PWC 資誠，台灣經濟研究院

　　由新創團隊募資的各階段來看，大致可分為：種子輪、天使輪、A、B、C輪。其中，種子輪是艱苦也是最需要協助的階段。而台灣創新創業相關輔育單位進行輔導或投資也已經絕大多數有在種子輪就進行協助。展望未來，藉由種子輪的創意、發明階段所創造的無形資產，也可望獲得銀行融資資金，而這已經是創新創業發展所不可或缺的重要協助力量。

　　而要進行無形資產融資，就必須要有信保基金和金融機構的支持，而有關無形資產鑑價、評價的機制建立，法人（如工研院）也正積極協助中。透過法人（如工研院）擁有的研發能量，以及鑑價經驗作為評定基礎，加上銀行與信保基金的支持，將能成為推動新創創育網絡穩健發展的三股能量。共同加速育

成中心發展成具備自我特色的創業輔導機構，形塑一個與時俱進、能量豐沛的
創育網絡。

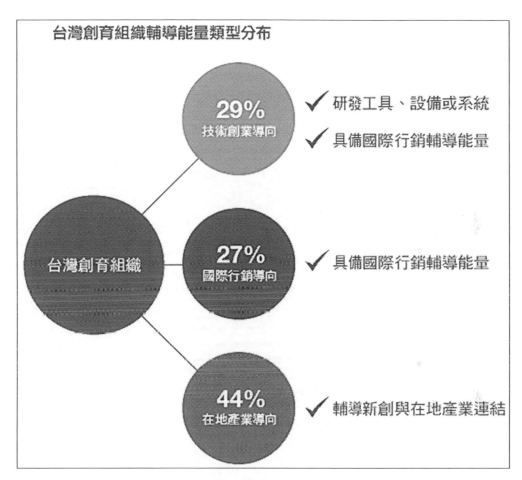

圖80 台灣創新創業相關創育組織輔導能量之類型
資料來源：經濟部中小企業處，PWC 資誠，台灣經濟研究院

台灣創新創業相關創育組織輔導能量之類型大致可分為

（1）技術創業導向類型：約佔 29%

（2）國際行銷導向類型：約佔 27%

（3）在地產業導向類型：約佔 44%。

而多半皆會彼此合作成為『服務體系』而非『競爭體系』。亦即，透過彼此交流、學習以及資源相互流通的方式，協助更多的新創與中小企業奠定發展的良好基礎。並打造成互利共榮的創育生態體系，積極參與國際育成組織活動，更進一步透過良性互動機制傳承、將育成中心建立成最佳化與最適化經營模式，藉此提升台灣創育能量。

玖、

創新創業未來發展與整體趨勢

一、全球的新創大趨勢——智財重要性不言而喻

　　隨著 5G 時代來臨，相關產業鏈已經動起來，5G 各項應用包括 AI、物聯網及車用電子等。AI 以語音助理進入大眾市場，服務型機器人邁入更為細緻的市場區隔；沉浸式體驗在視覺、多感融合與可撓技術上持續突破，應用場景也由遊戲、健康醫療等，多方跨入虛擬世界所提供的 B2B 訓練。此外，量子運算、資安議題亦持續受到關注。而隨著各類智慧移動載具（如非路上的各式工業智慧運具、自駕車、自駕微型巴士及自駕物流車等）隨著朝向各國零排碳法規推動的發展，愈來愈多創新科技將應用於高能源效率的運輸載具之上。未來生活情境樣貌，在智慧移動個人空間實現要素方面，「新型態整合式車輛底盤」已出現，未來車輛不僅可自動駕駛，亦具備以同一底盤搭配不同需求特用車體特性成為移動個人空間；AI 技術方面，未來車輛不僅可掌握乘客情緒及動態調整車內環境，亦可以較低成本且高效率方式驗證各類影像演算法；而人機介面方面，乘客可運用觸碰、語音及手勢等方式進行控制，並受惠於 5G 平台，於車內可實現「即時」會議討論並享受高畫質影音娛樂；在新型態車輛聯網應用服務方面，「空中下載技術（OTA）」和協同計算，使未來服務種類和方式更具高效率與多元性。

　　而隨著全球氣候變遷加劇，各國持續加嚴車輛排放標準－目標是零排碳放，並訂立傳統內燃機動力的退場時間點，迫使汽車產業轉向的電動化浪潮。根據部分國家所訂立的時間表，汽車產業在 10 年內就會完全轉型。而這也代表著，汽車產業耗費超過百年所發展的內燃機動力，無論是自然進氣、渦輪增壓，或者是油電複合，將不再居於主流位置，被迫從汽車市場退下，重新起跑電動車技術。換言之，汽車產業的核心技術，將會從原先偏向機械相關，快速地轉向與電動馬達、電池，還有電控技術等相關的電子、電機以及資訊等領域。同時，由於捨棄過往設計與結構都較為複雜的內燃機引擎與相關的傳動結構，未來汽車在動力與傳動系統的結構都更為簡單，相較於傳統的內燃機動力汽

車，電動車的結構、設計都更為簡單且自由，更降低了進軍汽車製造領域的門
檻。在 Tesla 成功案例激勵下，同時，汽車產業的核心技術從機械相關轉移到
電子、電機相關，甚至未來自動駕駛系統普及後，娛樂系統也將成為汽車展重
心的背景之下，過去一直難以切入汽車產業核心供應鏈的台灣產業，終於有了
與歐美強權平起平坐，甚至迎頭趕上的契機。

零排碳的電動化以及各國節能減碳的政策推動下，根據市場研究公司 HIS
Markit 的最新報告，以及市場及數據分析公司 GlobalData 的報告均指出，未
來全球電池儲能市場邁向高成長。預計將在 2025 年達到 110.4 億美元的規模，
市場於 5 年內增長近 50 億美元。當電動車、再生能源使用量持續攀升，具備
高度靈活性、智慧性的技術—儲能，恰巧可為電力系統調控提供強而有力的解
方，來協助緩解再生能源的間歇性及變動性，將成為相當重要的基礎設施。
GlobalData 的分析資料也顯示亞太地區（APAC）是最大的電池儲能系統市場，
預估到 2025 年，市占率會提升到 53.5%；其次是歐洲、中東和非洲（EMEA）
和美國。隨著併網可再生能源發電廠（grid-connected renewable electricity
generation plants）的數量急速增加，亞太地區會將焦點放在電網的頻率調
節，以使可再生能源發電量的變異正常化。

預計亞太地區排名前四大的國家，包括中國、韓國、澳洲及日本的總裝機
容量到 2025 年底將達到 20.45GW。另一方面，歐洲、中東和非洲地區（EMEA）
是電池儲能的第二大市場，到 2020 年佔全球累計裝機容量的近 30%。預計該
地區將在 2025 年前會持續部署電池存儲系統，成長主要來自歐洲國家。預計
德國將成為歐洲電池儲能的主要市場，而中東和非洲市場對 EMEA 市場的影響
較小，但從長遠來看將發揮更大的影響。美國是全球最大的單一市場，併網所
需的供電側設置的蓄電池（storage in front of the meter for grid
applications）之佈建為美國市場成長的主要動力。美國在儲能產業有相當豐
厚的資金預算，像是加州已擴展了成功的自發電激勵計劃，這將大大有助於該
州的電錶後端的蓄電池（behind-the-meter storage installations）的市場
發展。台灣儲能產業界之系統廠商台達電等、結合零組件供應廠商、原材料供

應商，以及相關學研機構、SEMI 等已組成聯盟，促進儲能、太陽能、風能委員之間的合作，更以「創能」、「節能」、「儲能」和「系統整合」四大主軸，加速能源產業發展。透過政策倡議使電價結構合理化並完善法規以提高儲能系統完整與安全性、與金融機構對接溝通以降低儲能業者營運壓力、進行高階聯誼串接產官學研對話平台更促成跨領域能源合作契機、舉行研討會提供儲能技術與市場交流平台、推行大眾綠能教育以傳達足夠且正確之資訊等。且除既有的太陽光電、風力能源、氫能與燃料電池及智慧儲能四大主題，也增設節能、綠能循環經濟及綠色金融等特色新創，提供最完整的循環經濟產業生態圈。

　　另以電動車所需的電動馬達而言，台灣從上游的原料生產，到中游的馬達設計與下游的馬達製造已經形成完整的產業鏈。更有廠商投入被視為未來主流的固態電池研發，甚至也有廠商投入進行電動車動力系統的研發，開發車輛產品電動化的解決方案。而且，與電動車相關的電動機械產業，也已是台灣的兆元產業之一，同時也已在台灣具有完整的產業供應鏈，可以說是早已具有發展電動車的基礎。而自動駕駛系統所需的鏡頭、感測器，以及相關的處理器等，甚至是填補移動過程中的娛樂系統等，都正是目前台灣電子資通訊產業的專長所在，包括光電、半導體、面板等，都是台灣的優勢產業。尤其是習慣於產品週期短，對於市場有高度敏銳度，而且應變快速的台灣電子產業，更能在未來自動駕駛普及後，乘車娛樂更為重要的汽車市場中，佔有相當的優勢。

　　全球除了知名的特斯拉、Apple Google、亞馬遜、百度..等國際大公司都已投入相關陸海空運輸載具的發展之外，美國 Intel 也已砸下 9 億美元收購以色列新創公司 Moovit，可見此領域發展趨勢的熱絡。

**　　智慧運具的未來技術將會愈來愈倚賴專利技術：**

　　智慧運具的相關技術如：智慧車聯網、自動駕駛、資訊娛樂、導航及通訊將愈來愈倚賴有專利權的技術標準，例如 5G、V2X 或 802.11p。創新創業的智財授權主管（Licensing directors）應提早思考權利金成本與適當的擔保支出。智財專利部門與研發單位不只應該思考專利申請數據反映的資訊，還應監控標準化活動或宣告—分析專利與技術標準的相互作用，以將 IP 潛在風險量

化。汽車產業的新創更應增加標準開發活動的參與,以充分融入自動駕駛相關的連網標準。經濟部並已籌設相關聯盟,例如技轉/合作廠商包括大同、中油、亞勳科技、東元、帝寶、凌華科技、開發工業、輝創電子、以及鴻海的 MIH 開放平台強調未來發展趨勢 (1) 軟體定義 (2) 軟硬分離 (3) 開放生態——

　　也吸引了諸多合作廠商如鴻華先進;及中華電信相關的合作廠商如緯創、等等都已經率先跨出相關領域的第一步,預期未來將會有更多業者如勤崴國際科技、天勤、太康、立淵、有量科技、明泰、呈鎬、創意庫,等一同進入此發展趨勢十分確定的領域。而台灣的新創公司 Gogoro,以快速換電系統開啓了交通運輸的新格局,改變人們使用能源的方式,進一步改善了對環境的影響,如空汙、噪音、碳排放等等因素。換電站其實是一座儲能系統,未來可作為多元能源供需的平台,創造出能源自主與新能源經濟的商業模式。諸如此類新能源系統的管控如台達電以及其衍生的新創體系也都持續進行中。

　　此外,持續提升能源轉換效率的新創方面,工研院也正推動化合物半導體「雨林計畫」配合半導體產業已成為台灣命脈的事實,以半導體製造作為基礎,繁衍出的矽半導體產業鏈與 3C 電子產業鏈,加深鞏固台灣相關新創產業,有如雨林一樣,涵養出許多的生命,這些生命在這個環境中,有充足的食物來源與棲息地。而化合物半導體進一步促成上述各種下游產業的發展,也如同雨林一般,能帶給台灣多樣性的應用與新產業的發展,化合物半導體創造出來的下游產業價值卻很大。台灣基於車用動力電子領航,建立技術能量及營運規模後,未來還可以打入更高壓的軌道車、工業馬達、再生能源電網等市場,而當台灣製造的動力電子元件得以行銷全球時,衍生出來的大數據分析與加值應用將可更加借力使力。

智慧運具以外之亮點題材 - 例如:Space X 的星鏈計畫:

　　全球亮點題材——Space X 的星鏈計畫,在其向美國聯邦通信委員會(FCC)提交文件中揭露該計畫使用的 WiFi 路由器,已由我國的啓碁擔任主要供應商。Space X 預估從發射 1,000 顆衛星,到最終要發射 42,000 顆。該計畫將於年底於北美地區啓用,目前雖佔啓碁營收比重雖仍低,但毛利率將高於公司

整體平均，預估衛星業務約可達 2021 年總營收的 10%。又例如同欣電——原本 CIS 業務受惠智慧營手機規格提升及主力客戶在非蘋陣營持續擴大市佔率，加上最高規格已經提升至 6,400 萬畫素之下，營運成長動能續強。而無線射頻（RF）模組業務包含光通訊及衛星兩大應用，隨著 Space X 低軌道衛星 2021 年持續成長，Space X 最新的低軌衛星上網收費機制，預期 2021 年後即將進入大量鋪貨階段。

　　解構台灣與美國矽谷的合作關係，創造價值的型態可爲兩類來進行：「產業價值鏈合作關係」與「開放式創新聯盟」。其中：「價值價值鏈合作」代表的意義是——只要所有經濟活動中，能夠創造出新的附加價值的環節，就可考慮納入價值鏈中。而政府未來亦積極推動科專新創事業化生態系建置，包含法人科專和學界科專——構築新興科技產業領導型企業之願景策略。由於過去的價值創造計畫已達成階段性目標，完成協助各大專院校建立完善技術作價衍生新創機制；未來將強化扶植潛力個案成長力道，更有效率地協助新創公司成長，因此未來具高成長潛力之新創，將由經濟部規劃相關補助資源承接。並藉由產創條例，讓新創投資具備租稅誘因，並串接大企業資源協助新創成長。

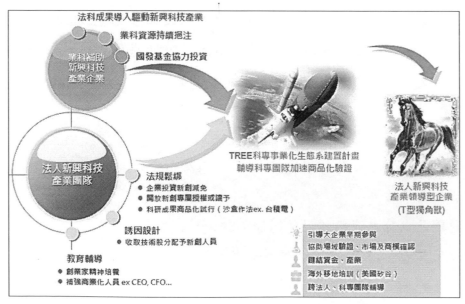

圖 81　未來政府科技專案新創事業化生態系願景策略
資料來源：經濟部，本研究整理

二、疫情後的世界新創趨勢——順應 ESG 藍色經濟

　　COVID-19 是緊急公衛疫情，更是人類對抗病毒的全面性戰爭。新型冠狀病毒肆虐，全球生醫藥產業要如何應對 COVID-19 疫後的世代？隨著疫情襲擊全球各地，製藥業受到社會輿論的強烈關注，希望能夠早日提供對抗病毒的藥物。於此同時，世界衛生組織（WHO）已表態支持建立自願型專利池的構想，以此集結專利權、管理試驗數據以及其他可共享的資訊，以用於開發藥物、疫苗以及診斷。

　　由於新冠流行病 COVID-19 不分貧窮貴賤對人類進行攻擊，都會造成健康危機及經濟損害。更何況，對貧窮國家和脆弱經濟體所產生的衝擊很大，若不控制妥當也將威脅全體人類。因此，WHO 呼籲所有國家、公司和研究機構支持開放數據、開放科學和開放合作，讓所有人都能享受科學和研究帶來的好處。同時，為了解決 COVID-19 的公共研究投資，使得各國政府也重新審視公私合夥關係。

　　許多國家也考慮專利強制授權（compulsory licensing）。所謂專利強制授權（compulsory licensing），根據 WTO《與貿易有關之智慧財產權協定》（TRIPs）規定，當國家緊急情況，可未經專利權人同意，藉由國家公權力的介入，將該專利強制授權予他人實施，在緊急事件發生時以抑制專利權的濫用。即使，台灣因非 WTO 會員國而難以對國外大廠進行強制授權及管轄權。但是，仍可以政府角色與他們進行授權談判。此外哥斯大黎加的政府官員提出，建立自願型專利池的概念——透過 WHO 的主持下建立自願性機制，目的是建立一條吸引政府、業界、大學和非營利組織加入的途徑。

　　專利池概念受到關注：由聯合國支持的藥品專利聯盟（Medicines Patent Pool）擴大其授權範圍，將 COVID-19 產品納入專利池。為了讓貧窮國家也能有使用藥品的機會，該聯盟專門向藥品製造商提供 HIV、肺結核和 C 型肝炎治療的授權許可。十多年來，某些藥品的價格引發了財政困難的政府與製藥商之間的紛爭，有時激起專利之爭，製藥業者時而採取防禦姿態。但不可否認的是，

製藥業是少數品牌藥廠可以玩得起的，需擁有高端技術及豐沛財務槓桿能力，如何能夠從這波疫情中回收高資金投資？COVID-19 發生以來，歐洲（及其他地區）的製藥公司壓力越來越大，他們不僅被要求放棄積極定價和策略，亦須回應各界對藥物及疫苗需要更加透明且價格實惠的呼籲。國際製藥商協會聯合會（IFPMA）及歐洲製藥工業協會聯合會（EFPIA）最近雖表達關心，卻少具體對新型冠狀病毒製物表達可負擔性的承諾。德國和加拿大等國家審查自家的專利保護法以促進對專利的限制，而如以色列已頒發用於對抗 COVID-19 藥物的強制授權。由此可見，大型製藥廠正承受著必須共享抗冠狀病毒專利的壓力，同時，在該新疫苗藥物的售價也需確保能夠普遍廉價供應，是關係到全世界的共同利益。

由於長期缺乏信任以及同業間的競爭，製藥公司向來習慣孤身奮戰。但新冠狀病毒疫情為全球生醫製藥等公司提供了恢復公眾信任的機會。更重要的是，這次疫情將有機會再審視 IP 制度，以及開放的科學聯盟、共享專業技術的研究團體等等。而由於生醫產業的開發時間與經費龐大，因此依賴專利壟斷維持折現率的觀念，在該產業已是根深蒂固的，因此生醫製藥新創專利的產業化以獲取授權等等智慧財產收入，是一條生醫新創產業可走的道路。也因此，智慧財產權（無形資產）的重要性，自是不言而喻！

台灣在新創產業策略上，或許可參酌以色列的做法，考量由於醫學方面有較多的法規限制和隱私權等問題，若因而導致醫學研究較為窒礙難行，投資者常因時間太長無法等待回報。而反觀農業方面，在法規限制和隱私權等問題的限制較少，參酌以色列國家級 AI 計劃委員會建議的：先從農業切入，找出 AI 在台灣新創產業最有潛力的特色應用領域──例如 AI 可幫助最妥善利用環境自然資源，並且最大程度地減少對自然環境的破壞，尤其在台灣獨有的特色海島生態或獨特農漁牧、或特色中草花、藥、特色植物病蟲害等方面。

而上述建議發展之方向的預期價值，恰也符合了世界自然基金會（WWF）所估計全球藍色經濟價值 24.2 兆美元的大趨勢。因為全球每年產生約 125～140 兆美元經濟價值在某程度上是依賴於大自然，已超出全球 GDP 規模的 1.5

倍。且每年至少創造 2.5 兆美元的經濟價值。預計到 2030 年，藍色經濟的成長速度將是主流經濟的兩倍。而德意志銀行集團認爲全球「ESG」藍色經濟被視爲一個複雜的經濟系統。

此外，世界銀行也指出：藍色經濟代表「可持續運用海洋資源促進經濟增長、改善生活及就業，同時保持海洋生態系統的健康」。歐盟數據也顯示了 2018 年歐盟的藍色經濟創造了超過 7,500 億歐元的產值，僱用了 500 萬名員工，主要與沿海旅遊業及海上風電有關。預計到 2030 年，每年直接價值可能達 3 兆美元（間接價值更高）。例如光是海洋相關產業就將僱用約 4,000 萬個全職工作。而若將藍色經濟規模的範圍，擴大至納入對「生態系統服務」（即其在維護地球環境方面的價值，例如幫助降低地球溫度等），則總規模更將擴大。據研究，這些「生態系統服務」相當於全球國內生產總值（GDP）的 80%；這比海洋對 GDP 的直接貢獻高出 30 倍。未來藍色經濟的壓力已昭然若揭。人口趨勢及經濟成長，也帶動對礦產、魚蛋白、淡化海水或替代能源等資源需求上升。

其他驅動因素則來自全球海洋科技研發、沿海地區迅速城市化／保護及生物探勘應用醫療保健方面的發展。加上人工智慧與機器人技術，來幫助我們深入探究海洋生態系統及其運作方式。在相對落後地區，新興行業的發展機遇值得期待；而同樣重要的是重塑目前（具經濟及就業影響力）的相關產業，減少它們對社會及環境方面帶來的問題，才能有助確保未來藍色經濟的健康發展。在 COVID-19 疫情期間，國際食農科技亦爲受益之領域。而台灣相關新創獲投資件數與金額雖明顯高於去年同期，但相較於台灣其它新創領域獲得投資的概況，在食農領域的新創獲投件數及金額占台灣整體新創獲投金額比例而言尚不高。

近年隨著全球「ESG」（即—E（environment）：對環境的關懷、S（social）：對社會及文化的考量，G（Corporate Governance）：公司治理等三大因素）納入投資決策或企業經營之考量的「藍色經濟」大趨勢，以及台灣學界／法人的投入，並以科技創新帶動產業創新轉型趨勢下，年輕團隊投入意願已然提高。台灣新創產業若能搭上國際創新轉型的潮流，讓學研成果落地，引領台灣食農

學研界進入新創產業圈，在未來邁入後疫情時代之下，食農（食農）等領域將持續成為新創產業投資人所關注的焦點。面對全球此類快速成長的深度科技（DeepTech），將高度仰賴技術突破、研究能量和智慧財產權（無形資產 IP），而台灣新創生態系的多元性也隨之在深度演化之中。

結論

在 COVID-19 疫後時代，加上近年隨著全球「ESG」（即—E（environment）：
對環境的關懷、S（social）：對社會及文化的考量，G（Corporate Governance）：
公司治理等三大因素）納入投資決策或企業經營考量的「藍色經濟」大趨勢之
下，已使得全球綠能運輸載具、零排碳、食農 ICT 等科技領域亦成為受益之領
域。世界自然基金會（WWF）估計全球藍色經濟價值24.2 兆美元的大趨勢，已
超出全球 GDP 規模的 1.5 倍。且每年至少創造 2.5 兆美元的經濟價值。預計到
2030 年，藍色經濟的成長速度將是主流經濟的兩倍。預計到 2030 年，每年直
接價值可能達 3 兆美元（間接價值更高）。若將藍色經濟規模的範圍，擴大至
納入對「生態系統服務」，則總規模更將擴大，未來藍色經濟的壓力已昭然若
揭。

人口趨勢及經濟成長，也帶動零排碳、提升能源轉換效率、綠能運輸等循
環經濟資源需求上升。其他驅動因素則來自全球創新科技研發、沿海地區迅速
城市化／保護及生物探勘應用醫療保健方面的發展。加上人工智慧與機器人技
術，來幫助我們深入探究生態系統及其運作方式。重塑目前的相關產業，減少
它們對社會及環境方面帶來的問題，才能有助確保未來藍色經濟的健康發展。
隨著台灣學界／法人的投入，並以科技創新帶動產業創新轉型趨勢下，年輕團
隊投入意願已然提高。台灣新創產業若能搭上國際創新轉型的潮流，讓學研成
果落地，引領台灣相關學研界進入新創產業圈，在未來邁入後疫情時代之下，
相關領域將持續成為新創產業投資人所關注的焦點。

另由於生醫產業的開發時間與經費龐大，因此依賴專利壟斷維持折現率的
觀念，在該產業已是根深蒂固的，因此生醫製藥新創專利的產業化以獲取授權
等等智慧財產收入，是一條生醫新創產業可走的道路。也因此，智慧財產權（無
形資產）的重要性，自是不言而喻！台灣在新創產業策略上，也可參酌以色列
的做法，從食農領域方面，在法規限制和隱私權等問題的限制較少的情況下，
找出 AI 在台灣新創產業最有潛力的特色應用領域——用 AI 幫助最妥善利用環

境自然資源，並且最大程度地減少對自然環境的破壞，尤其在台灣獨有的特色海島生態或獨特農漁牧、特色中草花、藥、特色植物病蟲害等方面加以應用，搶佔智慧財產（無形資產）卡位先機的優勢。另一方面在地方政府搭配新創公司在場域的驗證與合作也是在新創策略上可以加強的部分，在過程中以 PDCA 模式來驗證新創產品並同時優化功能來符合市場面的實際狀態及需求！

頂尖產業與新創的多元合作，甚或二代創業已成趨勢。但深度仍有待強化，其中關鍵包括大型企業是否願將核心數據（Core-data）分享給新創夥伴加值再利用……等等。而這部份建議可以從政府力量協助加速、融合與深化彼此的合作，以具體措施如稅務減免..等優惠誘因來進行之。另對於規劃與推動創新創業產業政策而言，智財經常是被忽視的議題。根據近年台灣的產業發展情勢觀察，促使台灣的產業結構調整、發展新興技術及鼓勵創新創業應該是國內各方相當有共識的三大方向。而面對後方有新興國家的積極追趕之下，如果創新創業政策的推進，不能確立智財策略的角色，即便政策推動相當成功，但還是非常可能由於缺乏有效的智財保護而功虧一簣。知識經濟時代的國際產業變動已成新常態，比速度、比創新的智財保護，已成為產業未來的決勝關鍵。未來國際企業更隨著迎向競爭趨勢，而擅長引入多樣外部創新，伴隨著組織策略、經營目標等主客觀條件的調整，而走出多元發展模式。國際頂尖企業間重視的是「如何透過不同的創新工具，打造智財保護競爭優勢」以及「如何衡量及追蹤企業新創投資所帶來的效益」兩大議題。我們樂見台灣頂尖產業近年無論在先進技術、全球佈局方面，都已足以與全球百大企業併肩而行；而在參與新創投資方面，也逐漸跟上國際腳步——例如：開始採開放結盟，對接新創能量的態度，共同創造新創脫胎換骨的重生機會。

國家圖書館出版品預行編目資料

創新創業與政府產業發展策略探討／張世傑著.
－初版.－臺中市：白象文化事業有限公司，2022.2
　　面；　公分.
　ISBN 978-626-7056-71-4（平裝）

1. 企業經營　2. 產業發展
494.1　　　　　　　　　　110019846

創新創業與政府產業發展策略探討

作　　者　張世傑
校　　對　張智皓
發 行 人　張輝潭
出版發行　白象文化事業有限公司
　　　　　412台中市大里區科技路1號8樓之2（台中軟體園區）
　　　　　出版專線：（04）2496-5995　　傳真：（04）2496-9901
　　　　　401台中市東區和平街228巷44號（經銷部）
　　　　　購書專線：（04）2220-8589　　傳真：（04）2220-8505
專案主編　李婕
出版編印　林榮威、陳逸儒、黃麗穎、水邊、陳婷婷、李婕
設計創意　張禮南、何佳諠
經銷推廣　李莉吟、莊博亞、劉育姍、李如玉
經紀企劃　張輝潭、徐錦淳、廖書湘、黃姿虹
營運管理　林金郎、曾千熏
印　　刷　百通科技股份有限公司
初版一刷　2022 年 2 月
定　　價　300 元

白象文化　印書小舖　出版・經銷・宣傳・設計
www·ElephantWhite·com·tw　　PressStore出版經紀　　自費出版的領導者　　購書 白象文化生活館